SDC2018

厦门大学·中法 JIA+ 联队参赛纪实

王绍森　石　峰　◎编著

国家一级出版社
全国百佳图书出版单位

内容简介

国际太阳能十项全能竞赛（Solar Decathlon，SD）是由美国能源部发起并主办的、以全球高校为参赛单位的太阳能建筑科技竞赛，在科技界有着广泛的影响力。本书介绍了由厦门大学、法国布列塔尼高校团队（Team Solar Bretagne）、山东大学联合组成的中法JIA+联队（TEAM JIA+）参加2018年中国国际太阳能十项全能竞赛（SDC2018）的参赛历程，分析了SD竞赛的技术特点，以及赛队作品“自然之间”的设计理念，并收录了作品的部分技术图纸。内容主要包括以下几个部分：SD竞赛的发展历程，SD竞赛的技术特点，“自然之间”的设计理念，“自然之间”的参赛历程纪实，“自然之间”零能耗建筑技术图纸，以及附录部分的实景照片等。

本书得到国家自然科学基金项目（51878581，51778549）、厦门大学“双一流”学科群支持项目（SAS2018-01）资助，谨此致谢。

前言

新时代需要新技术、新观念，新时代需要新未来、新人才！

国际太阳能十项全能竞赛正是以面向未来、创新观念、整合技术、培养人才为目的举办的国际盛事。

厦门大学历来重视教学与实践多元结合，积极培养学生多学科交叉、未来发展潜能，鼓励开放交流，参加中国国际太阳能十项全能竞赛正是具体措施之一，它有利于培养高素质人才，锻炼教师队伍，扩大交流，促进学科发展。

2018年由厦门大学、法国布列塔尼高校团队、山东大学组成的TEAM JIA+参加中国国际太阳能十项全能竞赛，在来自8个国家和地区34所高校的19支参赛队伍中取得了综合第三名，以及10个单项中“居家生活”项和“电动通勤”项并列第一的好成绩。这是厦门大学第二次获得此国际大奖，学校同时也收到了很好的社会反响，值得祝贺！

比赛历时两年，中法两国合作团队团结奋进，学科交叉，研究积极，技术精进，成果可喜！

感谢厦门大学校领导的关心与支持，以及厦门大学有关学院与部处，特别是教务处、国际处的大力支持！

最后，感谢社会各界所有给予关心支持的企业和朋友！

王绍森 教授

厦门大学建筑与土木工程学院院长

2019年9月30日

Le projet JIA+ est une grande réussite, le fruit d' une très belle collaboration entre nos établissements universitaires chinois et français, tant d' architecture que d' ingénierie. Les formidables qualité et inventivité du projet ont su emporter les équipes et régler tout ce qui aurait pu apparaître comme des difficultés: la distance entre la Chine et la France, les différences de langue, de culture et même de savoir-faire technique. Au fur et à mesure de l' évolution du projet, l' enthousiasme de tous les membres a grandi jusqu'au chantier à Dezhou. Les capacités d' écoute et d' entraide entre nos étudiants, leur joie de faire ensemble ont porté le projet JIA+ sur le podium du Solar Decathlon China 2018. Que tous les partenaires soient vivement remerciés.

Prof. Philippe Madec

President of Team Solar Bretagne

TEAM JIA+是一个非常成功的团队，它是我们中法学术机构在建筑和工程方面非常良好合作的结果。“自然之间”项目的质量和创造性使得团队大获全胜，其间我们克服了许许多多困难，如中法两国之间的距离、语言、文化、技术知识的差异等。但随着项目的进展，所有成员的热情都在不断高涨，学生之间互相倾听、互相帮助，以及为共同目标而努力的精神，使得我们的项目在2018年国际太阳能十项全能竞赛中获得了非常优秀的成绩。我们诚挚感谢所有参与伙伴。

菲利浦·马岱克教授

法国布列塔尼高校团队主席

目录

第一章 SD竞赛的发展历程

1.1 SD 竞赛概述

国际太阳能十项全能竞赛，英文全称为 Solar Decathlon（以下简称“SD 竞赛”），是由美国能源部发起并主办的、以全球高校为参赛单位的太阳能建筑科技竞赛，旨在探索如何利用科技手段来解决 21 世纪的能源需求，推动绿色建筑与新技术的结合。大赛要求学生团队设计和建造一栋高效节能的创新性零能耗太阳能住宅，并全面考核将建筑设计、工程管理与创新性、市场吸引力和能源绩效等相结合的能力，通过十个单项评比确定最终的单项奖排名和总分数排名，因此称为“十项全能”。作为一项综合性的竞赛，SD 竞赛强调对学生设计能力和建造能力的挑战。大赛提供动手实践的体验和独特的培训来鼓励参赛学生推动清洁能源的推广，提高公众对清洁能源的认识。可以说，SD 竞赛不只是学生的竞赛，更是为消费者和居民提供一种集中的学习体验，比如高效节能的设计中所应用的最新技术和材料、清洁能源技术、智能家居解决方案、节约用水的措施、电动车和高效能的建筑等。

SD 竞赛在美国大力提高可再生能源的利用水平、降低对化石能源的依赖及提高能源效率的需求下，成为美国能源部推广太阳能技术计划的一部分。可见，提高能源利用效率与节约资源是能源战略的首要任务。能源转型不仅要提高可再生能源的比例，更应首先注重能源效率的提升，这也是 SD 竞赛考察住宅设计的核心。同时，在 20 世纪太阳能住宅中对太阳能技术的探索和发展基础上，以推广零能耗太阳能住宅为核心的SD竞赛已有了充足的技术基础。在美国能源部、美国国家可再生能源实验室、美国建筑师协会等的共同支持下，首届比赛于2002年在华盛顿广场举办。

2002年以来，每两年举办一次SD竞赛，在美国已连续举办八届。每届赛事的参赛团队由最初的14所美国高校逐步发展为来自世界各地的高校。随着世界各地区对零能耗建筑与可再生能源的重视和推动，SD竞赛目前在全球范围内已有美国（Solar Decathlon，SD）、中国（Solar Decathlon China，SDC）、欧洲（Solar Decathlon Europe，SDE）、中东（Solar Decathlon Middle East，SDME）、拉美（Solar Decathlon Latin America，SDLA）和非洲（Solar Decathlon Africa，SDA）六大组委会，截至SDC2018，已举办15届。

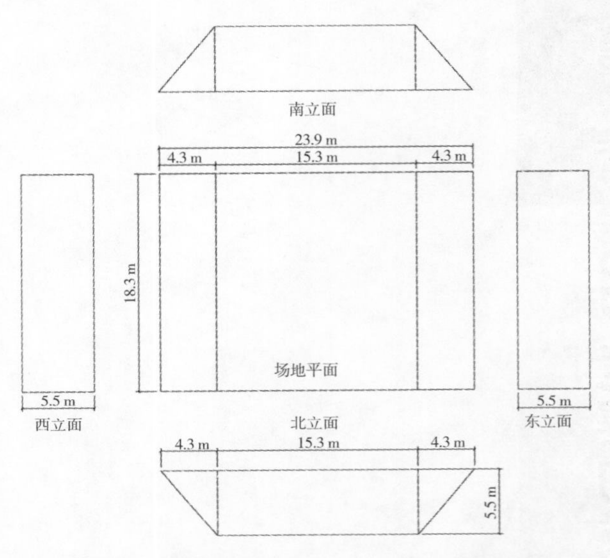

图1-1　SD竞赛场地尺寸与“太阳能外壳”最大尺寸

1.2 竞赛规则及其发展变化

SD竞赛的核心要求是所有参赛队伍需在两年的竞赛周期内设计和建造一栋自给自足的独立太阳能住宅，并在比赛期间通过各项任务和测试模拟真实的家庭生活。建筑面积要求42.8～74.3 m²，2011年开始改为55.7～92.9 m²。各地要求会有所不同，如SDC2018建筑面积要求为120～200 m²。基地面积一般南—北为18.3 m，东—西为23.9 m。同时，为了保证相邻房屋的采光，每个房屋的所有构件都必须限定在一定尺寸的太阳能外壳范围内，如图1-1所示。在SDC2018中，因建筑面积扩大，基地面积扩大为25 m×25 m，建筑高度上限调整为8 m。

SD竞赛过程中，所有事项主要以*Solar Decathlon Rules*（《太阳能十项全能竞赛规则》）和*Solar Decathlon Building Code*（《SD竞赛建筑规范》，以竞赛举办地所在国家标准和建筑行业规范为依据）为准则。这也是SD竞赛不同于其他竞赛的关键，它要求设计团队不仅要基于常规太阳能住宅设计理论，更要注重概念的可行性，像企业一样完整地运营一个设计周期，同时需满足行业规范。

规则涵盖了比赛的各个方面，主要包括三大部分：①十个评分项目的详细说明；②竞赛的一般性规则；③交付物和比赛详细日程表以及评审、测试安排说明等。首先，对于十个单项分别有明确规定，如SDC2018对室内舒适性规定，比赛测试期间室内温度需保持在22～25 ℃，湿度≤60%，方可得满分；对家电规格有所规定，并在比

赛期间必须按照任务要求正常使用，模拟真实的家庭生活；能效方面，对于光伏板的品牌并不做规定，但对于同一栋建筑中使用不同的光伏组件，则取产能效率的平均值。在第二部分通用规则中除对基地尺寸、建筑面积等做了详细规定外，还说明了施工安全和水电使用、光伏并网和蓄电池使用、植被、水系统、项目成本以及竞赛的组织者和比赛期间的各类活动等各方面的规定，以保证赛事的公平和公开性，使得每个赛队及其成员两年的备赛努力得到公正对待。

评审单项是 SD 竞赛规则的核心，也是贯穿竞赛整个设计、建造、测试周期的关键因素。SD2002 以来，十个单项的分值比例和名称、内容都有发生变化，但根据评比方式主要分为两大类：一是主观评审类，由竞赛组委会邀请相关领域专家组成评审团，根据规则中的标准、赛队交付的材料及现场答辩情况对各参赛作品打分，包括建筑设计、工程设计、市场潜力或可负担能力、宣传推广、创新能力等；二是客观测试和任务类，客观测试通过组委会在房屋内放置的传感器或电表收集，主要包括室内舒适性（温湿度等）、能耗平衡，任务类由组委会监督赛队完成。图 1-2 所示为 SD2017 评审项分数比例。

图 1-3 中历年竞赛评审项的变化体现出以下特点：

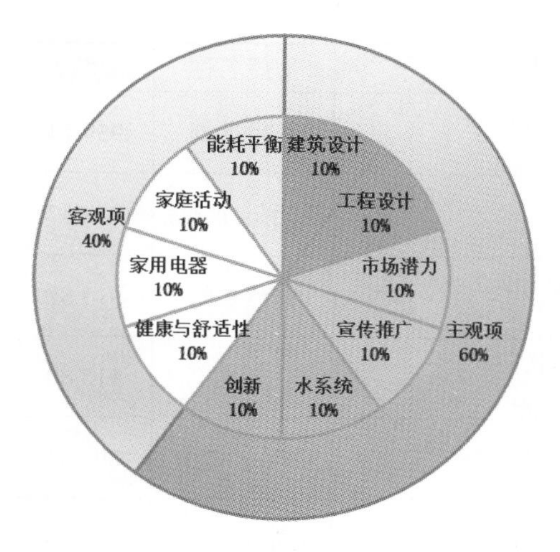

图 1-2　SD2017 评审项分数比例

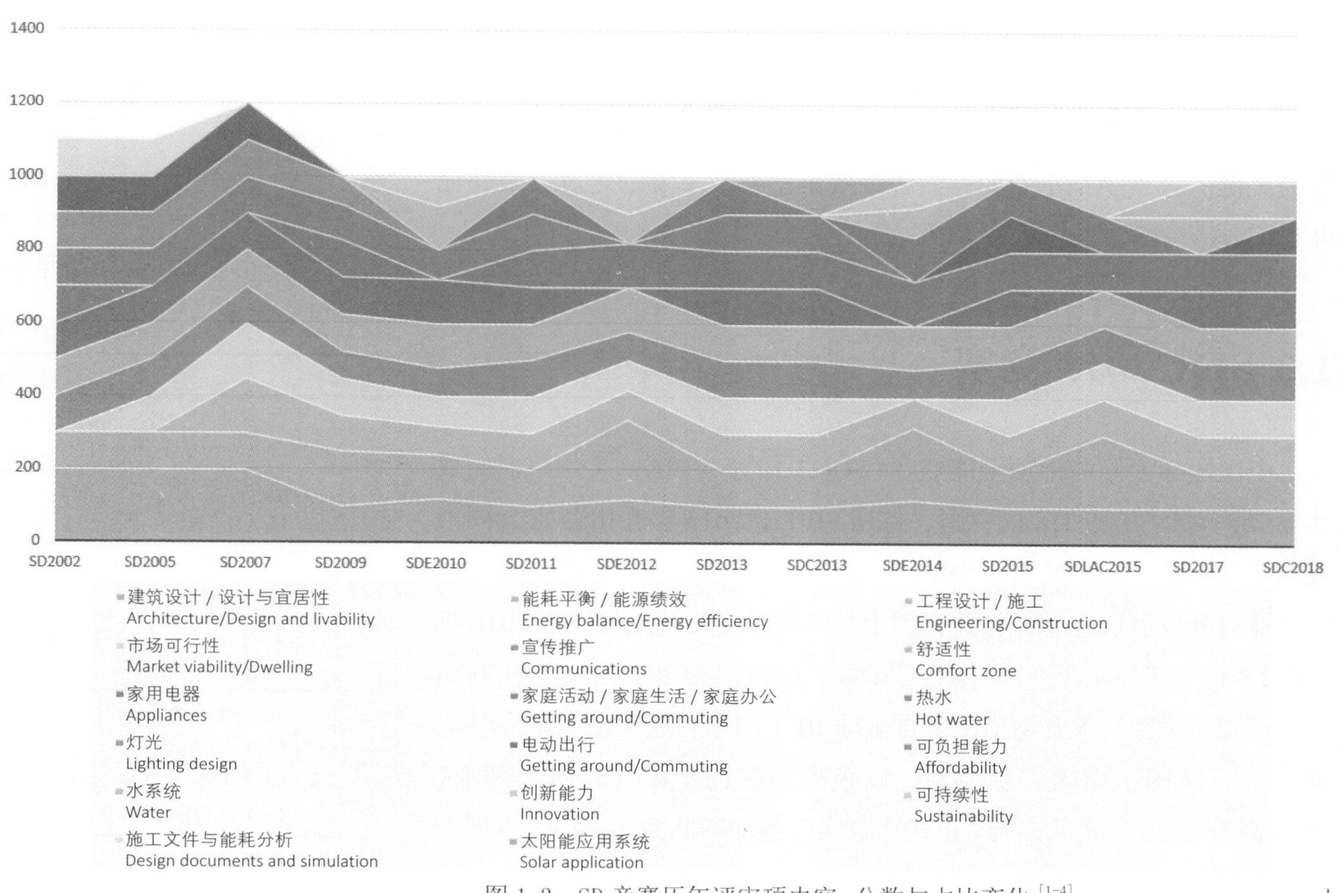

图 1-3　SD 竞赛历年评审项内容、分数与占比变化 [1-4]

（1）从图中各项的名字、分值与占总分数比例可看出，建筑设计、工程设计、舒适性、能耗平衡、宣传推广、涉及实际家庭生活的家用电器或家庭生活、市场潜力或可行性这七个方面贯穿 SD 竞赛的始终，体现了太阳能利用及家庭生活中如何节能的核心设计理念。

（2）一些单项，如灯光、热水随着竞赛对能耗平衡、可持续性或经济成本的重视，逐渐被并入建筑设计、家庭生活等项目中。

（3）能耗平衡或能源绩效，作为举办 SD 竞赛的初衷，考察竞赛房屋其他九项的设计和用电平衡的综合能力，意在推广新能源的使用和分布式光伏电站的发展，通过可再生能源的使用降低传统能源的使用率。

总的来看，SD 竞赛作为绿色建筑技术竞赛，建筑设计和工程设计作为关键的考察项是不变的；能源绩效占据着最重要的地位，是其他九项综合平衡的结果。

1.3 SDC2018 竞赛

中国国际太阳能十项全能竞赛（SDC）作为“中国—美国第七届战略与经济对话”项目落户中国，首届 SDC 于 2013 年在山西省大同市成功举办。第二届 SDC 由中国国家能源局和美国能源部联合主办，中国产业海外发展协会承办，共青团中央学校部为支持单位，于 2018 年 8 月 2—17 日（原定于 2017 年 8 月举办，后改期为 2018 年 8 月）在山东省德州市举办。大赛邀请了来自全球 10 个国家和地区（中国、美国、加拿大、法国、德国、意大利、以色列、韩国、印度、澳大利亚）38 所高校的 22 支赛队参与（正式比赛实际参加赛队为 18 支）。本届竞赛旨在推广可再生能源和新能源在建筑、家居、社区和城市中的应用技术，整合并展示低碳与可持续技术的应用；引导低碳、可持续的生活理念，为永续发展寻求切实可行的方案。大赛设立了建筑设计、工程设计、创新能力、能源绩效等十个单项（图 1-4），各 100 分，总分数为 1000 分。

图 1-4　SDC2018 十个评审单项

SDC2018 各赛队成绩见表 1-1。

表 1-1　SDC2018 各赛队成绩

总排名	赛队名称	房屋名称	总成绩 / 分
1	华南理工大学—都灵理工大学联队 TEAM SCUT-POLITO	长屋计划	959.74
2	清华大学队 TEAM THU	新朝阳族之家	948.37
3	厦门大学—法国布列塔尼高校—山东大学联队 TEAM JIA+	自然之间	915.82
3	东南大学—布伦瑞克工业大学联队 TEAM TUBSEU	立方之家	915.80
5	北京交通大学—中来队 TEAM BJTU	i-Yard 2.0	898.43
6	同济大学—达姆施塔特工业大学联队 TEAM TJU-TUDA	正能量房 4.0	873.40

续表

总排名	赛队名称	房屋名称	总成绩 / 分
7	蒙特利尔队（麦吉尔大学—肯高迪亚大学联队）TEAM MONTREL	深度性能住宅	863.82
8	上海交通大学—伊利诺伊大学厄巴纳香槟分校联队 TEAM SJTUIUC	在水一方	860.77
9	西安建筑科技大学队 TEAM XAUAT	栖居 2.0	833.25
10	沈阳工程学院—辽宁昆泰联队 TEAM SIE	爱舍	819.68
11	翼之队（烟台大学）TEAM YI	北方印宅	819.55
12	太阳的后裔队（湖南大学）TEAM SOLAR OFFSPRING	真之家	811.13
13	西安交通大学—西新英格兰大学—米兰理工大学联队 TEAM XJTU-WNEU-POLIMI	归家	782.54
14	新泽西理工—武汉理工—中国建材联队 TEAM CNBM-WIN	新能源智享房屋	769.23
15	北京大学队 TEAM PKU	未名	762.79
16	上海工程技术大学—华建集团联队 TEAM SUES-XD	光影律动	733.20
17	紫荆花队（北京建筑大学和香港大学）TEAM B&R	斯陋宅	674.18
18	团队零 TEAM SHUNYA	旭日初升	626.60

1.4 厦门大学·中法 JIA+ 联队（TEAM JIA+）参赛情况

厦门大学团队前后参加了 SDC2013 和 SDC2018 竞赛，并分别获得了总分第六名和第三名的成绩。2013 年厦门大学独立组队参赛。在 2018 年的比赛中，厦门大学与法国布列塔尼高校团队（由 National School of Architecture of Brittany、High School Joliot Curie of Rennes、University of Rennes 1、Technical School of Compagnons du Devoir of Rennes、National Institute of Applied Sciences of Rennes 五所学校组成）、山东大学联合组成，厦门大学作为赛队的牵头方，与竞赛组委会签订参赛合同，参赛筹备、试搭建等工作均在厦门大学校内进行。赛队中的三方签署合作协议，明确各自负责的内容以及责任和义务，并规定了涉及的建材花费和后期收益的分成比例，为项目的顺利推进打下基础。赛队中厦门大学负责建筑、结构等各项设计，提供施工场地并参与施工，组织参赛建筑运输至德州参赛；法国布列塔尼高校团队全程参与设计和施工过程；山东大学负责空调和热水系统的设计和施工。

厦门大学团队由来自厦门大学多个学院的师生组成，前后参加的团队人数超过 100 人，包括建筑设计、土木工程、城市规划、室内设计、电气自动化、能源与动力、经济、管理、英语等多个专业。

德州的正式比赛包括两个阶段。2018 年 7 月 6 日比赛正式开始，经过 3 天的注册和培训后，7 月 9 日至 8 月 1 日为现场建造阶段，8 月 2 日至 8 月 17 日为测试阶段，8 月 19 日比赛结束，整个比赛历时 45 天。

经过长达两年的筹备和 45 天比赛的艰苦历练，TEAM JIA+ 建成了参赛建筑“自然之间”（Nature Between），并顺利完成了比赛的各项测试。最终 TEAM JIA+ 获得了综合奖第三名，总分 915.82 分。

2.1 建筑形体

2.1.1 光伏建筑一体化

光伏建筑一体化不是光伏发电系统与建筑物的简单叠加，本次参赛作品“自然之间”从开始设计时，就将太阳能系统包含的所有内容作为建筑物不可或缺的设计元素加以考虑，巧妙地将太阳能系统的各个部件融入建筑中，两者有机结合，形成多功能的建筑构件，成为建筑物不可分割的一部分。具体来说，就是将光伏器件与建筑材料集为一体，用光伏组件代替屋顶等，形成光伏与建筑材料集成产品，既可以当建材，又能利用太阳能发电，如图 2-1 所示。

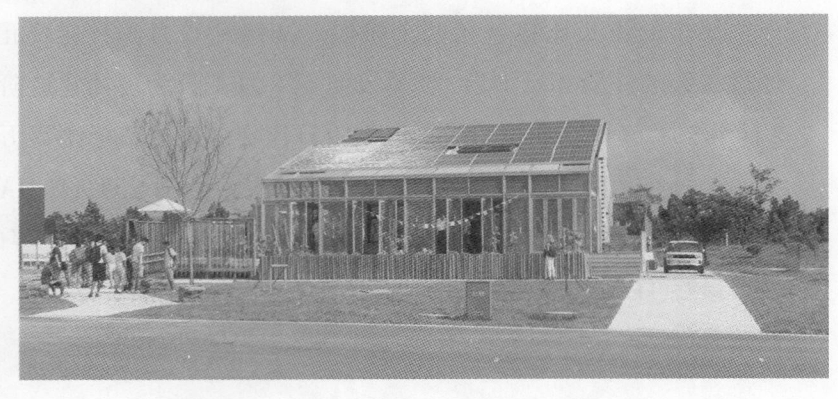

图 2-1 “自然之间”建筑的光伏板屋顶

2. 1. 2 基本形体类型

影响 SD 竞赛作品形体的重要因素之一是光伏、光热系统，主要是光伏板和光热板的倾角对屋顶的影响。光线与屋顶倾斜面所形成的角度越接近垂直，接受的功率就越高，因此南向坡屋顶利于提高光伏发电量且适宜光伏建筑一体化的设计。对于平屋顶，出于光伏建筑一体化的考虑，若光伏板与屋顶平行，则会在一定程度上影响发电效率；若形成倾角，则会影响建筑的外观。因此，坡屋顶是 SD 竞赛作品中最常用的屋顶形式，具体分为朝南的单坡顶、双坡顶（主要包括屋脊高、屋檐低、有天窗和无天窗，屋脊低、屋檐高三种；此外，个别赛队采用了锯齿形坡屋顶）。平屋顶也较为常用，还有平屋顶和单坡顶结合的形式，也有部分赛队采用曲面屋顶。常见屋顶类型和特点见表 2–1。

采用平屋顶还是坡屋顶常常是建被动房时激烈讨论的问题，实际上，除了对光伏板安装角度和发电效率的影响，屋顶形状对于被动房的功能无关紧要[5]。但从建筑得热角度来看，相比于平屋顶，南向较大面积的单坡屋顶可在不增加造价的情况下增加南向冬季得热面积。此外，在同样的高度下，与平屋顶和双坡屋顶相比，单坡屋顶可获得更大的使用空间，提高空间利用率。

表 2–1　SD 竞赛作品常用屋顶类型及特点

屋顶特点	剖面示意图	案　例
单坡顶		
南向单坡顶，屋顶面积大，利于增加光伏板和光热板安装面积		SDC2018 清华大学队南向单坡屋顶
双坡顶		
屋脊高、屋檐低、有天窗：天窗利于通风和采光		SDC2018 JIA+ 队双坡屋顶
屋脊高、屋檐低、无天窗：屋脊较高，南北坡接近对称；倾角度较大，利于提高发电效率		SD2011 米德伯里学员队双坡屋顶
屋脊高、屋檐低、无天窗：为增大光伏面积，设计为南侧面积较大，北侧面积较小		SDC2018 湖南大学队坡屋顶

续表

屋顶特点	剖面示意图	案　例
屋脊低、屋檐高，南向坡屋顶用于安装光伏板。因南北侧外墙较高，可安装竖天窗以调节室内通风和光线质量		SD2013 肯塔基—印第安纳联队坡屋顶
平屋顶		
光伏板安装角度较为自由，通过利用屋顶平台扩大空间		 SDC2018 武汉理工队平屋顶
平屋顶与单坡顶结合		
通常为南侧带坡度，北侧为平屋顶，北侧斜屋脊和平屋脊之间设通风天窗	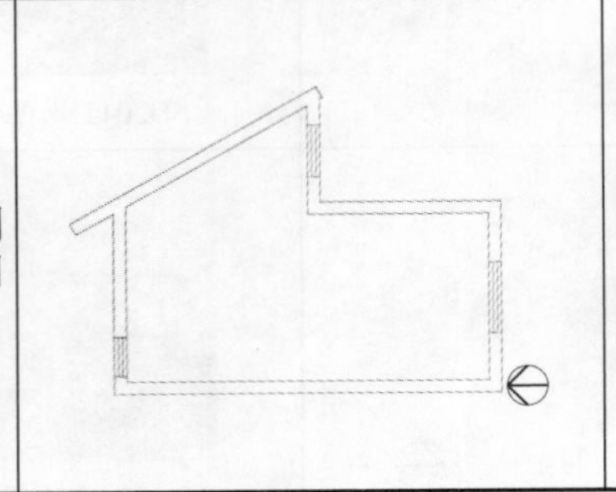	 SD2011 密苏里大学队坡屋顶和平屋顶

2.1.3 新形体的探索

“我们今天来评价优秀建筑，几乎都是建立在现代主义基础之上的。简洁的几何形态，强调由混凝土或玻璃形成的抽象感的平面，以及以最小分段为基础的抽象平面等。”[6] 当代社会计算机技术高度发展，建筑的更新与发展已突破现代主义建筑的简洁几何体，评价标准也更加多元。参数化软件辅助设计的建筑形态将人们对建筑和空间的想象从规则几何形态的束缚中解放出来，走向流动、自由和非线性的建筑。墙体结构体系被突破，墙面、屋顶、地面等传统空间的分界被模糊融合。例如，建筑师哈迪德所设计的意大利 Nuragic 与当代艺术博物馆，自由而灵动的曲线造型，如同从场地中生长出来，与场地形成互动式的对话。

虽然简洁的一字形或矩形方盒子有较低的体形系数，是太阳能住宅较为理想的节能形体，但应用过多也难免令人感到单调。近年来，SD 竞赛作品开始尝试将被动式设计策略与非标准化设计相结合，使其在工业化建造和装配式设计层面得以实现。例如，SDE2010 的 Fablab House 根据太阳运行轨迹将建筑形体优化为近似球形的抛物线，降低体形系数（球形具有最小的体形系数）；将一层架空，通过三个支点支撑主体，以增加底层的阴影和自然通风；主要功能空间布置在二层，支点

空间布局为辅助房间；光导管与侧窗结合，调节室内的自然采光和通风；建筑材料全部为白松木，将天然材料与参数化设计相结合；Fablab House 的底层可用于种植植物以节省土地，并以此遮阳门廊回应地中海传统空间[7]（图 2–2）。

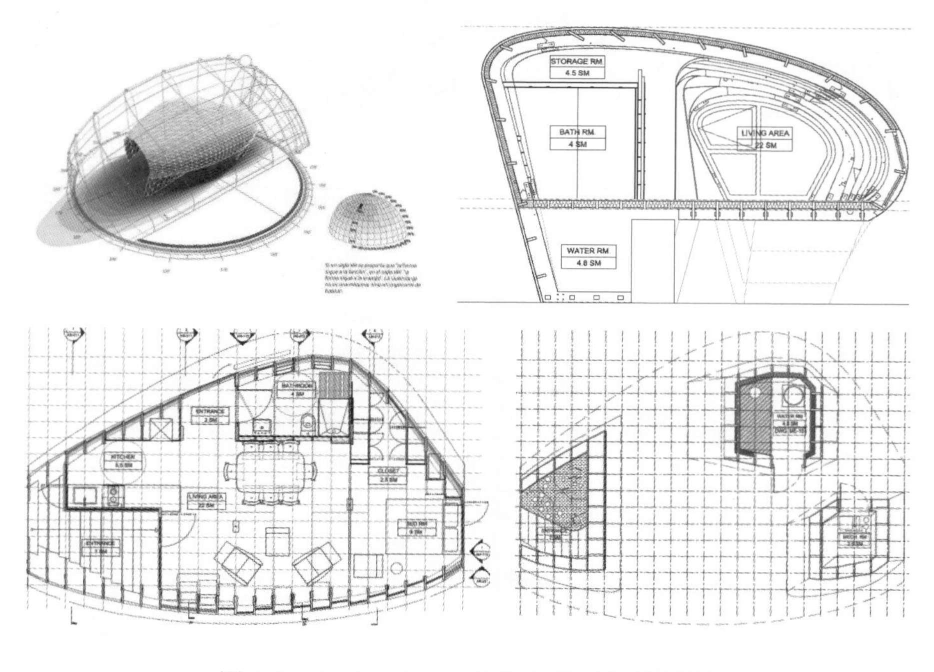

图 2–2　Fablab House 体块生成、剖面和平面

SDC2018 的“莲花之居”灵感来源于绽放的莲花，双曲线外墙有一定的遮阳作用，并成为室内分区的依据。炎热的夏季，白色外墙利于减少墙面对太阳辐射的热吸收进而减小最高温度和最低温度的差值，减小温度波动[8]。住宅利用 3D 打印新技术来降低建造过程与再生产环节的能源与材料消耗，以达到节材、节能和环保的目的。建筑平面围绕着中心室内庭院（餐厅）展开，在视觉上与其他空间相连，形成一种反映日常生活的圆形流线。每个“花瓣”处的侧窗和屋顶大面积的天窗为室内提供良好的室内采光（图 2–3）。

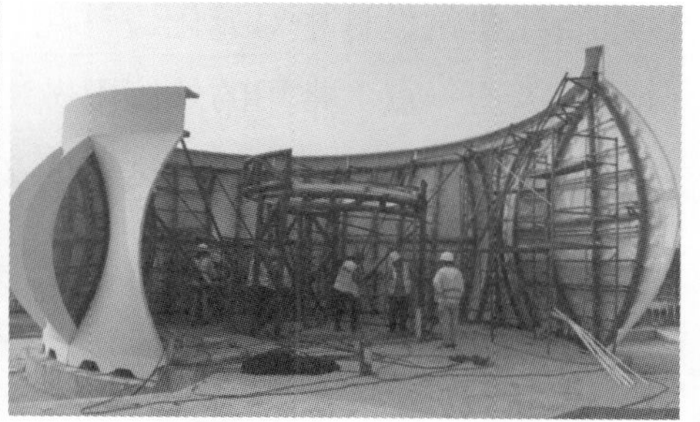

图 2–3　“莲花之居”外观和内部结构

2.2 遮阳设计

国际太阳能十项全能竞赛的举办地多选在太阳能资源比较丰富的地区，比赛期间太阳辐射强度很高。为了满足竞赛中对建筑温湿度的要求，遮阳设计便成为被动式设计的重要因素，是历届竞赛的参赛作品中都十分重视的内容。

2.2.1 建筑形体遮阳

建筑形体遮阳是指通过建筑形体变化发挥遮阳的功能，利用外廊、构架等形体构件在实现造型目的的同时也能满足遮阳的效果，且使得建筑室内外空间更加灵活。建筑形体遮阳在太阳能十项全能竞赛中的应用十分普遍，本次竞赛包括厦门大学在内的多支赛队的作品中都设置了室外凉廊，这为建筑主体提供了良好的遮阳效果，凉廊下的空间也可作为建筑室外活动的平台。

当代建筑设计中对遮阳设计相当重视，SD 竞赛作品的遮阳设计充分体现了这一点。常用的外遮阳做法在 SD 竞赛作品中被充分应用，以保证围护结构的隔热性能，见表 2–2。

表 2–2　SD 竞赛作品中对常用遮阳做法的应用

（1）与建筑形体结合的遮阳	
 挑檐遮阳：SD2017 荷兰队挑檐平屋顶	 坡屋顶挑檐外廊加木百叶：SD2007 马里兰大学队
 天井遮阳：SDC2018 烟台大学队天井空间	 深窗洞遮阳：SD2013 米德尔伯里学院队南侧窗

续表

（2）固定式外遮阳	
 南侧水平挡板：SD2005 康奈尔大学队南窗水平遮阳挡板	 西侧挡板（百叶）与南侧百叶：SD2013 捷克队综合遮阳
（3）可调节遮阳	
 木百叶遮阳：SD2002 弗吉尼亚的挡板遮阳	 金属卷帘百叶：SDC2018 东南大学队遮阳卷帘
 百叶与可变表皮：SD2007 宾夕法尼亚队南侧遮阳木百叶	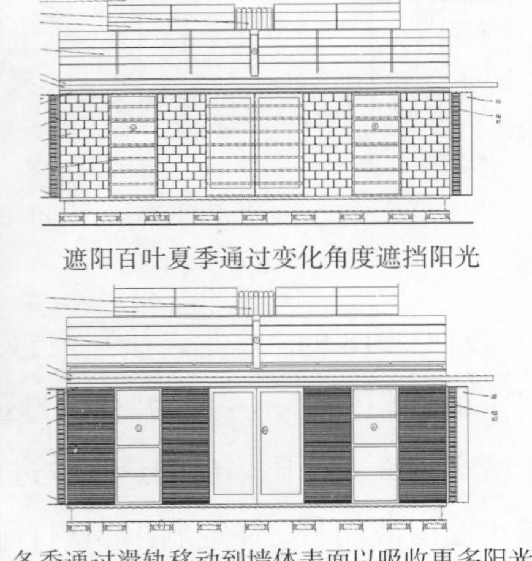 遮阳百叶夏季通过变化角度遮挡阳光 冬季通过滑轨移动到墙体表面以吸收更多阳光

2.2.2 可调节式遮阳构件

可调节式遮阳构件可根据室外大气变化，在遮挡阳光和控制采光之间进行调节，是调节建筑热环境的有效策略。竞赛作品中出现的可调节遮阳构件有内遮阳帘、中空玻璃内置百叶、外遮阳百叶、光伏遮阳板等不同的形式。内遮阳帘多结合建筑智能控制系统进行自动控制；中空玻璃内置百叶可使门窗与遮阳一体化，造型美观，易于清洁；外遮阳百叶可采用木质、竹质、塑料板、金属板等材料制作，对太阳辐射热的阻隔最为充分，遮阳效果最好，但要考虑室外风雨的影响，清洗较为麻烦；光伏遮阳板在遮阳的同时可以发电，增加建筑的发电量，也是竞赛中常常出现的遮阳构件形式。

2.3 自然通风设计

自然通风主要包括热压通风和风压通风两种形式，当建筑室外天气较为舒适时，利用自然通风可带走室内得热，提供新鲜空气，改善室内热环境。风压通风设计要根据建筑所在地的主导风向，对室内门窗开口进行合理的设计，使得气流在室内的流动顺畅、不被遮挡，形成穿堂风的效果；热压通风则是利用冷热空气密度差引起空气对流的原理，在建筑内人为创造出气温差来引导气流。在参赛建筑中，两种方式往往被结合起来使用。

自然通风设计主要包括平面、侧窗、竖井空间、竖天窗等方面。平面设计上，考虑了不同朝向的墙面和房间的热作用；形状上经历了从不利于热压通风的一字形平面转变到更利于通风的矩形和方形平面；分离式平面是一种利于通风的设计。侧窗设计上，主要包括垂直型、穿堂型、错位型与高差通风等类型，但垂直型布置在一定程度上降低了通风质量，应较少使用；开启方式上，多采用平开窗内开和下悬内开结合、下悬窗内开、上悬窗外开、落地窗底部开启等利于通风和舒适性的形式。竖井空间设计上，包括内院、楼梯井、突出屋顶较多的太阳能烟囱等几种非开敞式的空间类型；通常顶部或侧面设置天窗，由天窗的开闭调节室内通风；设置遮阳构件，防止室内过热。竖天窗设计上，与建筑形体结合紧密；形式上，由被动式太阳能住宅一般设计性原则中的南向受益窗转变为北向通风与采光窗，包括屋顶北向凸窗、双坡顶加朝南竖天窗、双坡顶或北侧坡顶—南侧平屋顶加北向竖天窗、锯齿形屋顶加北向竖天窗以及南侧单坡顶加北向竖天窗五种形式；数量上，经历了由 SD2002 到 SD2007 的高峰后逐渐减少，近年偶有出现。

竞赛作品的实测数据证明，在炎热的天气条件下，室外气温不至过高时（竞赛期间为 23 ～ 26 ℃，湿度 90%），通过以上多种自然通风设计策略完全可实现室内的舒适性通风和降低湿度（室温为 26 ～ 29 ℃，湿度 85% 以下），并降低 CO_2 气体含量，使室内空气保持新鲜畅通，满足室内环境的舒适性要求。

2.3.1 通过建筑开口调节自然通风

通过建筑开口的门、窗、天窗来调节室内气流是通风设计的基本方法。通过建筑室内不同空间位置的合理开窗，在风压和室内热量的作用下，可产生良好的通风效果。

2.3.2 通风屋面

通风屋面是指在建筑屋面内设置通风层，利用自然通风带走屋面吸收的太阳辐射热量，是一种有效的建筑隔热设计策略。通风屋面的形式包括通风阁楼、双层架空屋面等。

2.3.3 导风板

导风板是使用建筑构件控制自然通风的方法，对建筑周边的气流进行引导以调节通风。单侧窗不利于通风，尤其是只开一个侧窗的房间，室外风速对室内的空气扰动影响过小，难以形成有效的通风。例如，SD2017 托纳比奇联队的卧室在北墙开了两个竖条窗，夏季的西北风进入室内后的覆盖面积很小，不利于通风（图 2-4）。如在窗户一侧加导风板，可增大覆盖面，改善通风效果。

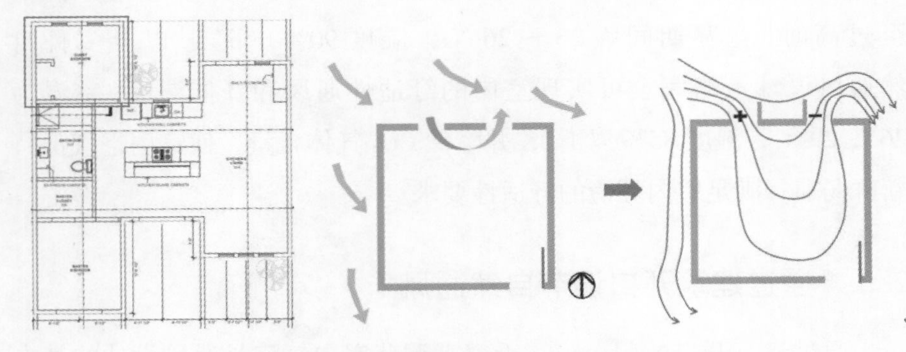

图 2-4　托纳比奇联队设计平面和北侧卧室通风分析

2.4 蓄热设计

蓄热设计对竞赛建筑节能设计也有着重要的意义。为了运输拆卸的方便，参赛建筑往往采用轻质材料，建筑整体的热稳定性较差，不能很好地抵御夏季室外周期性热波动的影响。因此，如何增加房屋的热稳定性，以及如何根据室外气候的变化储存热量并加以灵活使用，也是被动式设计中需要考虑的。

2.4.1 重质材料蓄热

在建筑内利用热容量较大的材料，如混凝土、土壤、水等，发挥其蓄热能力，属于显热储能。例如，SDC2013 厦门大学作品 "Sunny Inside" 中庭南侧入口正对一面石墙，用天然洞石铺砌而成，能起到中国传统民居中照壁的作用，又能发挥蓄热的功能，提高了中庭的热稳定性（图 2-5）。石墙的上方是电动可开启天窗，在阳光照射下，石墙作为集热墙来使用：冬季天窗关闭，利用温室效应让石墙白天蓄积

图 2-5　SDC2013 Sunny Inside 中庭的蓄热石墙

热量并在夜间散发出来，让中庭成为一个阳光暖房；夏季和过渡季节将天窗开启，可引导气流通过天窗流到室外。

2.4.2 相变材料蓄热

相变材料蓄热的原理属于潜热储能。相变材料在相变过程中的潜热量巨大，并且其相变过程基本上可以看作一个等温的过程，相对于普通的建筑蓄热材料来说，具有轻质、蓄热能力强，且储热和放热过程中温度基本不变等优点。相变材料在建筑中的应用可分为被动式和主动式两种形式，被动式应用主要是将相变材料作为建筑围护结构的一层或一部分来使用，利用其良好的蓄热能力起到增强建筑热稳定性的作用；主动式应用则是利用机械通风的方式储存冷热量，并在需要的时候释放出来灵活使用。

相变材料有助于提高围护结构性能，冬季，结合直接受益窗可降低室温波动；夏季，结合夜间自然通风，储存夜间冷量以在白天释放，从而降低空调冷负荷。合适的相变温度是选用相变材料的重要原则。据研究，绝大部分相变材料的相变温度都在 18 ～ 28 ℃的人体热舒适范围内[9]。例如，SDE2010 斯图加特队住宅“Home+”中将 PCM 装在天花板内，使制冷负荷降低了约 30%（通过模拟计算）。夏季的白天，相变材料（PCM）通过相变潜热，将周围温度保持在熔化温度（21 ～ 23 ℃）；夜间，PCM 被屋顶 PV/T（热电联产）系统存储的冷水通过天花板冷辐射激活而继续熔化，从而降低室温，如图 2-6 所示。通过 PV/T 储存的冷水和 PCM 的被动式制冷组合，将制冷负荷降低约 45%，空调系统和热水能耗仅占全年总能耗的 30%（根据欧洲统计局 2016 年数据，欧洲普通住宅空调和热水能耗约占全年总能耗的 80%）。

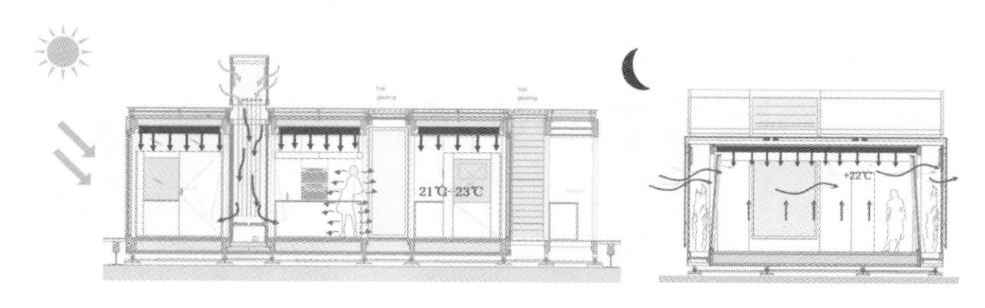

图 2-6　Home+PCM 白天和夜间工况

2.5 蒸发制冷设计

利用蒸发制冷降低局部区域温度，调节微气候也是竞赛中常见的被动式设计策略。

SDC2018 各赛队很重视水系统的合理设计，如 JIA+ 队将南侧水池和房屋周围的雨水回收池连成整体，形成循环系统，并利用水生植物和鱼类过滤雨水，夏季水池还可通过蒸发为建筑降温，达到节能和节水的双重目的（图 2-7 左）。华南理工大学—都灵理工大学联队将水箱固定在墙上，用户可种植蔬果、花卉和养鱼，并利用鱼类废弃物使水体富含营养，然后经过植物吸收和过滤后成为对鱼类无害的水再回到鱼缸，完成一个循环，称为“鱼菜共生”系统（图 2-7 右）。

图 2-7 “自然之间”南侧水池（左）和“长屋计划”的鱼菜共生系统（右）

2.6 缓冲空间设计

缓冲空间是在各种热环境调节策略的基础上，在建筑设计层面的一种综合性的被动式设计策略，在建筑设计中根据不同建筑空间的联系，设计一些过渡性空间作为气候调节的容器，用于调节建筑主体空间的热环境。

如图 2-8 所示的 SDC2018 TEAM JIA+ 平面，南侧内院结合天窗的开合来调节建筑的冬、夏季得热，厨房的作用实际上与南侧内院类似，西侧的设备间与主体通过屋顶连接，形成通风廊道。

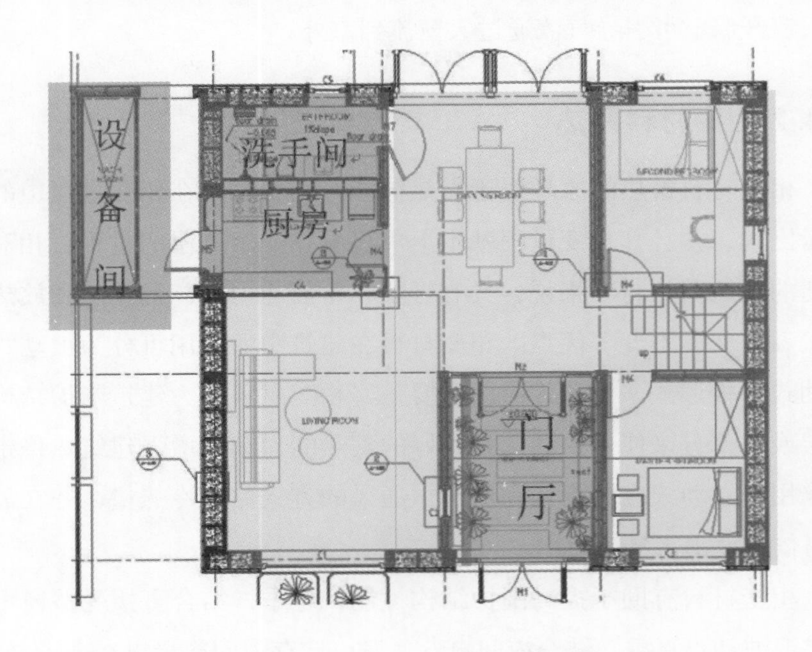

图 2-8 SDC2018 TEAM JIA+ 平面

第三章

『自然之间』的设计理念

3.1 设计理念——绿色建筑地域类型的建构

TEAM JIA+ 的参赛作品建筑主题为“自然之间”(Nature Between),作品希望通过一栋历史建筑的改造更新来体现中国传统的自然哲学。作品通过有机的建筑材料,可持续的建筑技术和设备,以及亲近自然的建筑空间来营造一种自然友好的居住环境。参赛方案基地选址在厦门市的一个城中村,拟对一传统闽南大厝进行局部改建,在保留有历史价值的老房子的同时改善住宅整体环境,为居住在其中的祖孙三代提供更加舒适、健康、高效的生活空间。建筑改造保留大厝的北侧堂屋,在南侧新建参赛建筑,体现“家与家”的建筑更新模式,实现新老建筑之间的文脉延续和生活方式的更新。改造后的历史建筑可作为房主的现代化住宅,或者作为面向游客的民宿。

当今,无论是在城市建设还是乡村更新中,都面临着如何在满足现代化发展需求的同时,保护和传承传统文化的问题,其中也包括如何将地域要素运用在绿色建筑设计中。在很多人看来,传统的、地域的都是“老”的。但事实上,这种老并不意味着“过时”,“老”中往往蕴含着一代代人经过旷日持久的试错、亲身体验而逐渐积累的“经验”,这些经验最终将建筑的功能、对特定气候条件的回应、对建造地理环境的适应,与建筑的形式很好地结合起来,使建筑成为坚固、适用、美观,同时又承载人类文化的生活空间。当人们谈到绿色建筑时,往往习惯性地将其与高技术、现代化等联系起来，认为绿色建筑离传统建筑似乎相去甚远，殊不知各个地区的传统地域建筑中，往往蕴含着简单又实用的绿色智慧。因此，我们希望通过建造一栋零能耗住宅，让人们了解到，很多传统地域空间原型和本土的建筑材料、建造技艺也可以运用到绿色建筑中，传统建筑中的智慧可以同现代技术很好地结合起来。事实上，绿色建筑设计本该如此。

在本作品中，地域类型的建构重点在于选择合适的形体，营造舒适的场所空间，达到温馨的“家”的目标，设计主要体现在“体”“场”“意”3 个层面。

3.1.1 “体”的建构——形体选择和生物质材料的运用

“体”，指建筑的实体部分。首先，“体”在于建筑形体的选择，尤其对于太阳能住宅，形体与光伏板收集太阳能效率有关，同时也要考虑建筑所处环境。形体选择是方案设计重要的先决步骤。此次设计中，我们选择坡屋顶，一是考虑到建筑所处环境中有一座坡屋顶的闽南大厝民居，这样新建筑与老建筑有形式上的关联，可以取得视觉的一致性；二是基于光伏一体化的考虑，坡屋顶利于光伏板与太阳的入射角的关系优化，获得太阳能高效率收集，但考虑到全年照射和地域差别以及建筑实际高度的限制，此次设计中建筑坡屋顶坡度采取 20°，达到综合平衡效果。除此之外，坡顶形成的屋顶空间也可借鉴传统民居空间加以利用，丰富了建筑空间的多样性，以适应建筑行为的多元性。

其次，“体”既是营造建筑空间环境的结构基础，也是建筑室内空间同室外环境产生联系的主要介质。建筑室内空间同室外环境进行热量交换主要通过围护结构进行，围护结构的热工性能以及对建筑空间的围护方式从根本上影响着建筑的能耗和舒适性。“体”的建构是实现零能耗绿色建筑的基础。

在材料的运用上，作品强调建筑材料的“在地性”。设计中主要运用了稻草、木材、竹材和木屑 4 种源自本土的生物质材料作为建筑主体的主要建造材料，力求在营造舒适、健康、高效居住环境的同时，在建筑材料层面落实低碳环保的理念，并结合施工管理、后期使用实现建筑全生命周期的低碳环保。木材主要用作建筑结构构件和装饰构件。本次竞赛要求各个赛队在 20 天内完成作品的全部建造工作，为了实现快速建造，并同现代工业化建造体系接轨，本设计选用了新型轻木结构，并采用二维模块（2D module）装配式建造（图 3–1）。二维模块可以满足较为灵活的建筑空间需求，又便于运输，能够适应偏远地区的路况，并实现在施工现场快速装配。为了达到墙体保温的厚度要求，同时节约木材，墙体结构龙骨采用了“组合龙骨”，组合龙骨空腔内填充木屑以阻隔热桥（图 3–2）。稻草填充于墙体结构框架内，主要用作墙体保温材料。在设计上，保温材料同结构构件紧

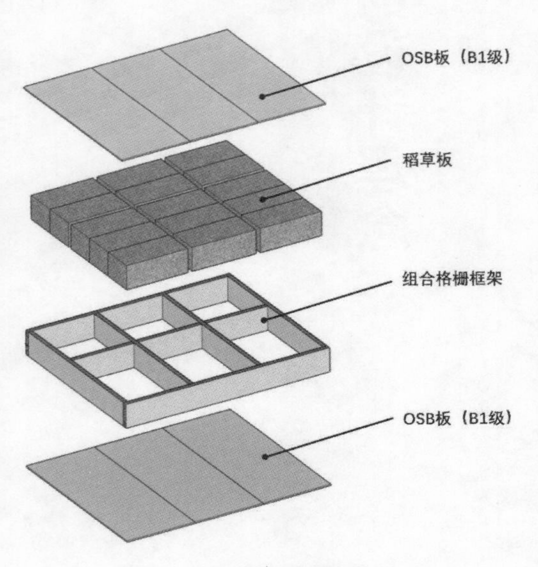

图 3–1　墙体模块构成

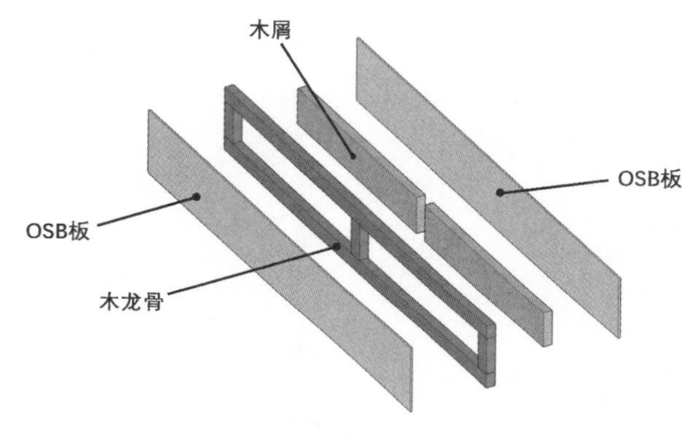

图 3-2　组合格栅构成

密结合，实现结构和保温材料的一体化设计，便于制成模块化墙体（图 3-3）。同时，稻草等农作物秸秆的运用也为农作物废料的再利用提供了一种思路（图 3-4）。此外，建筑的装修材料还大量运用了由木材、竹材等加工而成的构件，作为建筑内外饰面或景观构件（图 3-5 和图 3-6）。

为了便于装配式建造，建筑设备和管线采取集中布置的策略。例如，北侧屋面下的空腔作为设备层，集中布置空调风盘和新风设备；给排水管道被集成进卫生间和厨房间的隔墙；为了不影响室内效果，设计中充分利用内饰面板与结构层的龙骨空腔布置新风管道（图 3-7）。此外，各种电器线路也被集成进墙体模块，并通过快速接头进行连接。整个建筑设计通过建筑信息模型（building information modeling，BIM）技术进行优化。

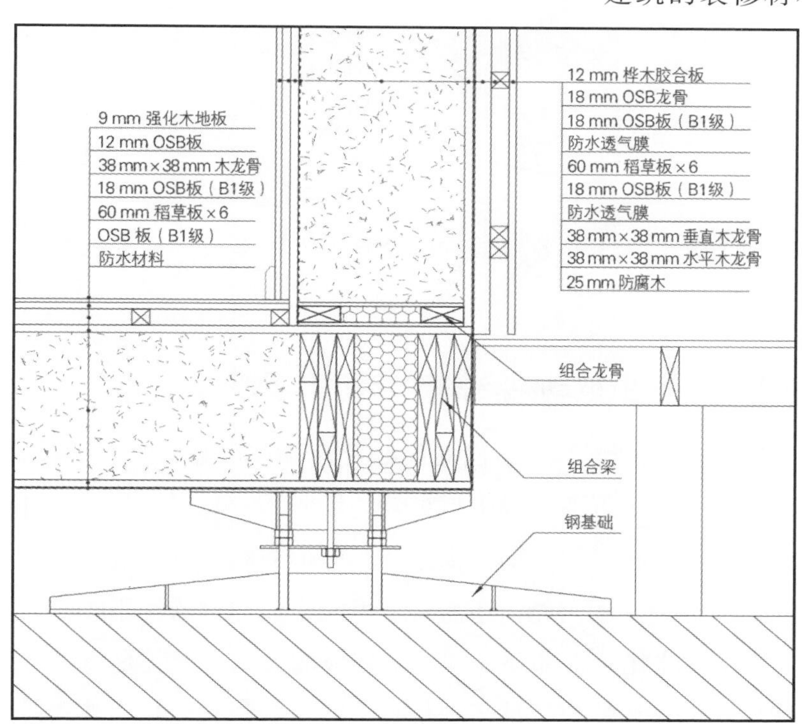

图 3-3　地板和墙体构造大样

图 3-4　稻草墙 2D 模块预制、吊装过程

图 3-5　竹遮阳百叶

图 3-6　主入口竹展廊

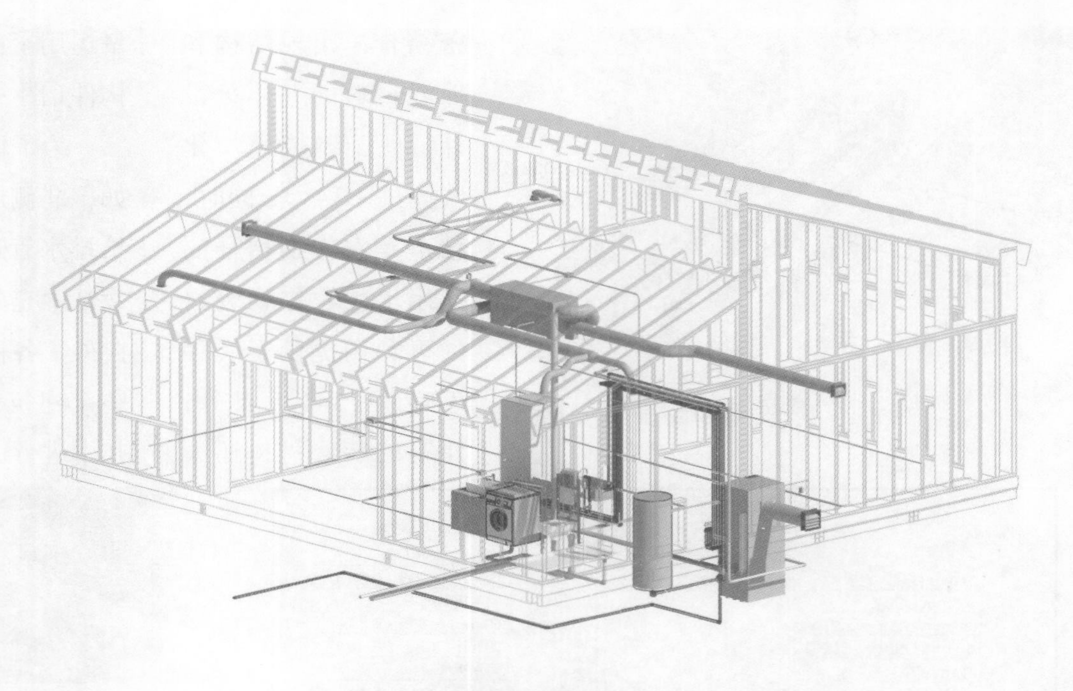

图 3-7　建筑设备及管线 BIM 模型

3.1.2“场”的建构——主被动结合的建筑环境调控

“场”一方面指建筑的场所，另一方面又代表了场所中由风、光、雨等形成的建筑空间环境。要营造一个舒适、健康、高效的场所，就要充分利用好自然中的风、光、雨，并将主动技术同被动技术结合起来（图 3-8）。建筑要达到净零能耗的要求，除了充分利用太阳能，还需要尽可能降低建筑的使用能耗。对于“场”的建构，我们关注建筑内部环境同外部环境的关系，尤其是过渡空间的处理，以及传统建筑的气候适应智慧与现代技术的结合，充分利用被动式设

计策略降低建筑能耗。住宅平面和剖面形式参照了基地内闽南大厝的平面和剖面形制，形成紧凑的空间格局，并结合建筑功能进行了变化。

图 3-8 建筑技术策略分析

3.1.3 “意”的建构——对和谐家庭生活的关注

建筑是为人服务的，绿色建筑中技术固然重要，但更重要的是技术要服务于人。如何通过技术来改善人们的生活环境，实现“自然之间”的栖居方式，才是我们应该思考的问题。因此，“意”的建构在于实现人的和谐。人与建筑之间的和谐在于健康、舒适，人与自然之间的和谐在于可持续，而在家庭中，人与人之间的和谐在于和睦家庭关系的建立。这就需要建筑空间更好地服务于家庭成员之间的交往，同时又要满足各自的私密性需求。设计定位为一个三口之家，同时新的家庭又要和老房子中的祖父母共同生活。新建筑通过一个合院同保留的老建筑联系起来，合院在为原有老建筑提供较好采光通风的同时，也成为两个家庭成员的休憩空间（图 3-9）。新建筑中的餐厅正对合院，两扇大玻璃门可以打开，使餐厅空间和合院空间紧密相连，形成新老建筑间的对话。餐厅内的大餐桌可以供三代人一起使用。新建筑内厨房和客厅相连，并通过透明玻璃隔开，让中国传统住宅中藏在角落的厨房变得更加开放，家庭成员在炒菜做饭期间也可以进行交流。阁楼内的儿童房同客厅也相互连通，方便家长对儿童进行监护。室内庭院同时与餐厅和客厅相邻，为室内增加了一份绿意，让家庭成员可以更直接地接触自然。

图 3-9 邻里之间：廊道、合院的聚合

3.2 被动式节能策略

“自然之间”以闽南的气候环境和区域文化为背景，结合传统民居中被动式绿色节能智慧和现代新型技术手段，实现传统老房子向零能耗住宅的转变。在保留传统建筑空间形式和风格特征的同时，利用不同的被动式节能技术，从遮阳、采光、通风、雨水回收利用等方面入手，对建筑的室内温湿度、空气质量、采光、声学环境以及其他舒适度标准进行自我调节。

3.2.1 热缓冲空间

“自然之间”拥有三个不同功能的庭院，设于建筑主入口处的室内庭院是一个热缓冲空间。庭院连接室内大部分使用空调的房间，可以调节室内光线、通风速率以及房屋内热环境，创造良好的居住环境。庭院前后具有两扇玻璃门，顶部有两扇可根据室外天气状况自动开、关或者遮阳的天窗。在冬季，庭院作为温室能够提高室内空气温度，向相邻的房间传递热量；在夏天，打开天窗和遮阳帘，可以进行自然通风以及避免太阳的直接辐射（图 3-10）。

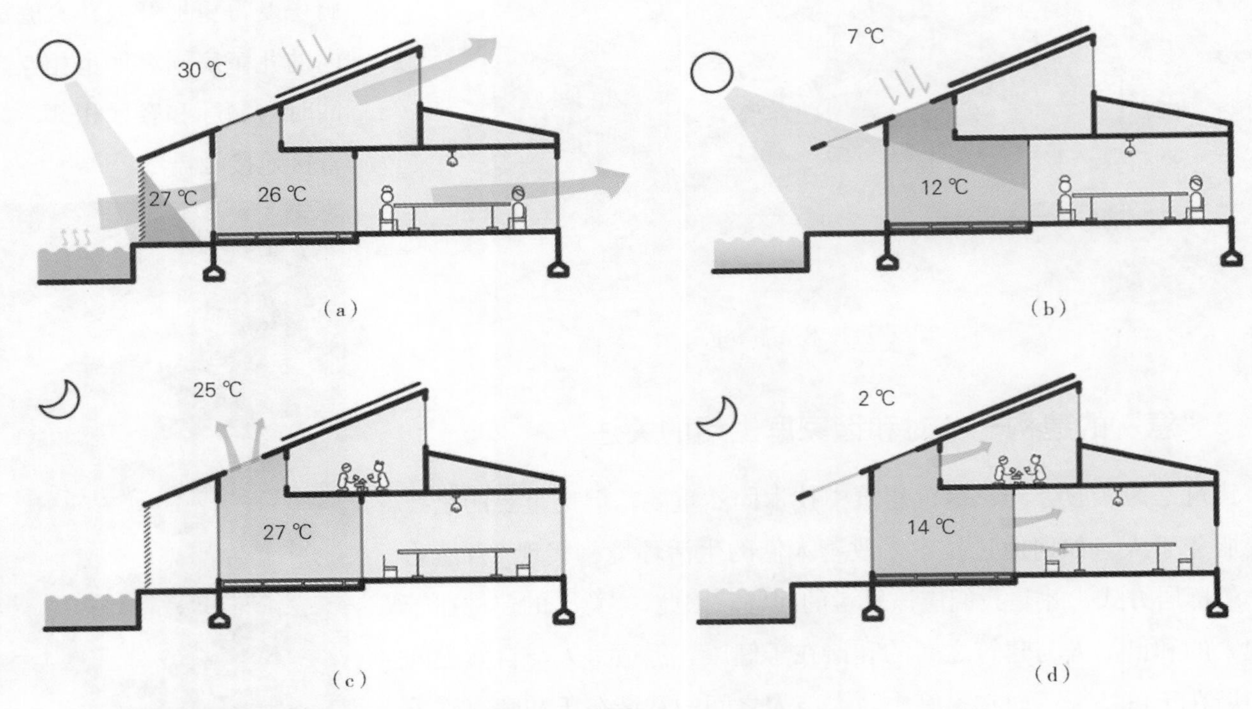

（a）在夏季，电动遮阳百叶窗和竹门可以减少太阳辐射并保持通风。
（b）在冬季，内院可用作储热的缓冲空间。墙壁和地板中的相变材料可以增强缓冲空间的储热能力。
（c）在夏季，内院天窗在晚上打开散发热量，并储存傍晚室外的冷气。
（d）在冬季，夜晚打开室内门和窗户，利用温室效应加热室内空间。

图 3-10　热缓冲空间被动式节能策略示意

3.2.2 动态遮阳

厦门夏季气候炎热潮湿且太阳辐射强度高，德州在比赛期间亦是如此。为满足不同季节室内热环境舒适度要求，“自然之间”采用了三种不同类型的动态遮阳，可根据不同的天气情况进行调节。

“自然之间”屋顶采用双层构造，上层屋顶向南延伸为南向门窗提供遮阳，并形成围廊。屋顶上方采用电动遮阳百叶，可根据居住者和不同的天气状况进行角度调节，控制直接太阳辐射。

南立面使用竹门，形成独特的光影效果。它们可以像传统中式门一样折叠，作为调节太阳直接辐射的动态遮阳表皮。冬天的时候打开，以获得更好的视野和更多的阳光，在需要遮阳时，可以关闭竹门。

内院以及二层朝北天窗均配备电动遮阳帘，当室外太阳的辐射过高时，可以打开室外电动遮阳帘，以达到更好的遮阳效果，同时它们都接入了智能控制系统，可以进行智能调控。

3.2.3 自然通风

自然通风设计同样是一个重要的问题。自然通风能够有效地带走室内热量和水汽，提供新鲜的空气，提高室内热环境舒适度。这对厦门来说尤为重要，也是建筑实现热舒适控制的重要因素之一。

利用烟囱效应可以有效地提高建筑通风效率。烟囱通风模型显示，烟囱内气流速度随烟囱高度、空气密度或者空气温度差的增大而增大。在“自然之间”，地面与上层空间的高差，以及内院温室效应引起的温度差，有助于创造良好的自然通风条件，该通风可用在过渡季节以及夏季白天温度较为适中的时候。

自然通风相较机械通风是不容易控制的，但“自然之间”，一些门窗，如内院的天窗和二层朝北天窗可以和暖通及其他智能系统一起协同控制，实现智能化通风管理。

3.2.4 自然采光

自然采光是建筑的基本要素之一，它对建筑室内环境质量，尤其是对居住者的舒适度起着至关重要的作用。“自然之间”基于模拟结果进行照明设计，保证主要居住房间的日照水平大于 300 lx。同时，动态遮阳也可以调节室内采光水平，保证室内采光舒适度。由于室外走廊的遮挡，厨房没有足够的自然采光，因此在屋顶上增设了导光管。

3.3 主动式策略

德州室外气候不全是温和舒适的，尤其是在夏天常常出现过热和潮湿的情况。因此，我们需要结合主动式和被动式策略确保室内舒适和节能。当被动式技术不能满足恶劣天气条件下室内舒适度要求时，可以采用主动式系统对室内环境进行调节。

3.3.1 光伏建筑一体化（BIPV）系统

太阳能板作为比赛期间唯一的能源来源十分重要。54 块光伏板和 2 块光热板被安装在“自然之间”屋顶上，每块光伏板的额定功率为

285 W，总额定功率达到 15.39 kW，光伏转换效率为 17.50%。考虑夏季最佳朝向，以及比赛期间能够产生足够电量以平衡房屋能耗，光伏板安装在与水平面有形成 20° 倾斜角的南向屋面上。

上部光伏板与屋面层之间有 150 mm 的通风层，可以带走屋面内部的热量，降低屋顶表面温度。另外，由于光伏板的发电效率随着温度的降低而提高，因此这种设计能有效提高光伏系统的效率。

3. 3. 2 暖通系统

暖通空调系统在零能耗建筑的设计中是至关重要的，它的能耗通常占到房屋总能耗的 50% ～ 70%，并且直接影响到室内的舒适度和空气质量。

空调系统和新风系统是两种独立的装置，对“自然之间”室内参数进行独立控制。空气温度和湿度由空调系统控制。在德州，室外温度在 –15 ℃到 +35 ℃之间变化，夏季湿度通常很高，空调系统采用可逆热泵，在冬天产生热量，在夏天进行制冷，额定制冷量为 8.8 kW。新风系统用于控制室内 CO_2 水平，保持室内空气新鲜，同时控制室内 $PM_{2.5}$ 水平，系统可实现每两小时一次的换气效率。暖通空调系统在北屋顶的阁楼安装和连接。客厅、餐厅、两间卧室各使用 4 台风机盘管，每个房间可单独控制。室外新风由空气处理装置和空调设备处理后送进室内。

3. 3. 3 热水系统

热水对家庭生活非常重要，在太阳能十项全能竞赛的家庭生活测试中也占有重要地位。比赛期间一共进行 16 次热水测试，共 50 分，模拟了一个典型家庭生活中日常的洗浴任务。每次测试要求在 10 分钟内收集 60 L 平均温度超过 45 ℃的热水，来获取分数。

为满足该任务要求，“自然之间”在屋面安装了两块光热板，用于加热用水，并将空气源热泵与太阳能系统相结合，形成了特定的热水系统。当太阳能加热板中的水温高于水箱中的水温 8 ℃以上时，光热板将作为主要的加热方式；否则，空气源热泵将是主要的加热方式，空气源热泵具有较高的性能系数（coefficient of performance，COP）。水箱容积为 150 L，热泵额定供热量为 3500 W。

3. 3. 4 控制系统

住宅采用智能控制系统来控制所有的主动式设备和立面上的被动遮阳系统。智能系统采用的是 Delta 的 KNX 协议。智能控制系统的目的是整合被动系统（如天窗）和主动系统（如暖通空调设备和电器），通过共同协调运作达到室内舒适，并保证建筑耗能低于产电量。建筑能耗是该系统的优化目标。

所有设备的用电量将被监控，并通过 KNX 协议进行控制。该协议具有开放性和互操作性的优点。专用设备，如电动汽车的热泵或充电桩，通过不同的协议进行通信。对于电视等通信系统，冰箱将使用它们的专用通信协议。所有收集到的信息将集中在一个服务器上，以便对它们进行处理和反馈。智能控制系统通过告知居住者设备的运行状态，并根据居住者不同的需求进行控制，使住宅智能化（图 3–11）。

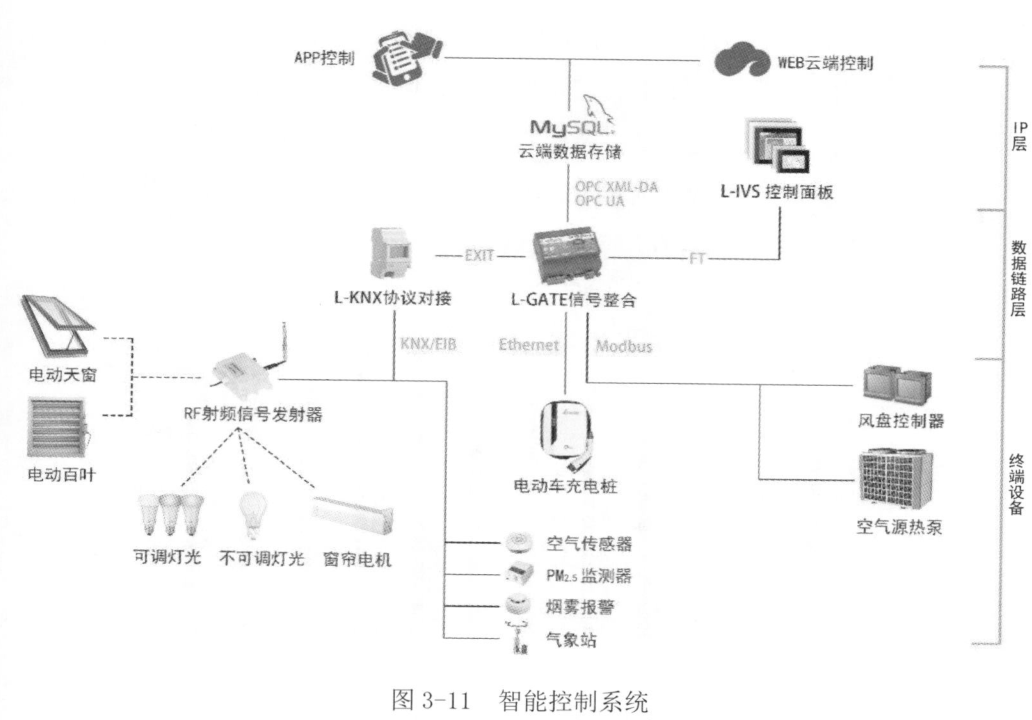

图 3-11　智能控制系统

3.4 能耗分析

由于“自然之间”的设计是以厦门气候为基础的，因此需要对厦门住宅的全年气候适应性进行分析。本次模拟基于 Energyplus，根据房屋比赛期间实际规模、结构和任务参数设置，建立分析模型，计算住宅的热收益、光伏发电量和能耗平衡情况。

图 3-12 所示为比赛期间的能耗数据与模拟数据的对比结果，可以看出实测数据与模拟数据在此期间的趋势大致相同。但因比赛期间每天都有意外状况发生，所以两组数据之间存在一些差异。根据 ASHRAE Guideline-14a 中的方法，模拟数据的变异系数（RMSE）为 14.6%，NMBE 为 1.6%，满足规范要求（每小时校准值 30% 和 5%），所以该模型可用于模拟计算。模拟房屋参数设置见表 3-1 和表 3-2。

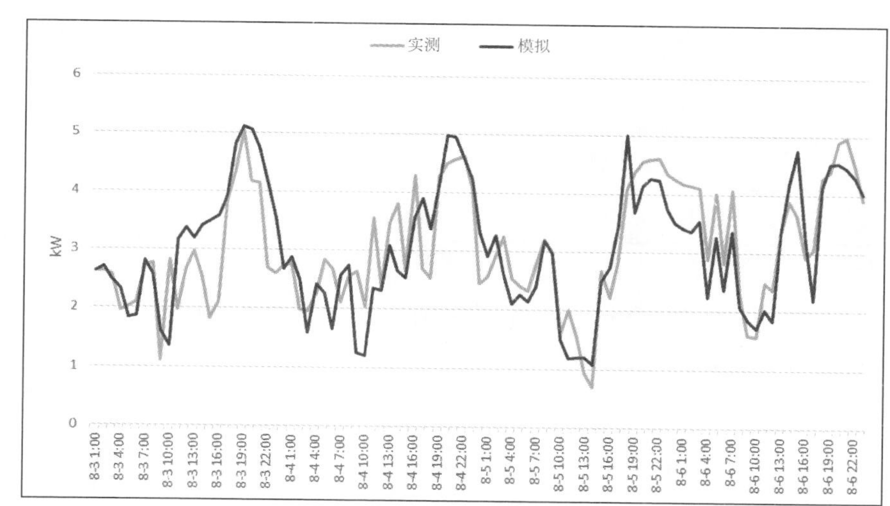

图 3-12　比赛期间能耗数据与模拟数据的对比

表 3-1　建筑模拟工况

供热温度 / ℃	制冷温度 / ℃	湿度控制 / %	照明密度 / （W/m^2）	设备功率 / （W/m^2）	人　数
18	26	60	3	13.23	5

表 3-2　建筑围护结构热工参数

位　置	构　造	传热系数
外墙	12 mm 外饰面板 +38 mm × 38 mm 龙骨 + 防水布 + 18 mm OSB 板 + 呼吸纸 +350 mm 稻草板 + 呼吸纸 + 18 mm OSB + 38 mm × 38 mm 龙骨 + 12 mm 内饰面板	K= 0.21 W/(m^2· K)
地面	防水布 +18 mm OSB 板 + 350 mm 稻草板 + 呼吸纸 + 18 OSB + 38 mm × 38 mm 龙骨 +12 mm 内饰面板	K= 0.21 W/(m^2· K)
内墙	12 mm 内饰面板 + 18 mm OSB 板 + 140 mm 稻草板 + 12 mm OSB + 12 mm 内饰面板	K= 0.47 W/(m^2· K)
屋顶	光伏板 + 轻钢龙骨 + 防水树脂 + 防水保温板 + 18 mm OSB 板 + 230 mm 玻璃棉 + 呼吸纸 + 18 mm OSB + 12 mm 内饰面板	K= 0.16 W/(m^2· K)
门窗	三层单 Low-E 镀膜中空玻璃窗 +13 mm 氩气空气层	K=0.8 W/(m^2· K)

“自然之间”全年每月能耗平衡情况如图 3-13 所示。可见，制冷能耗为主要消耗。

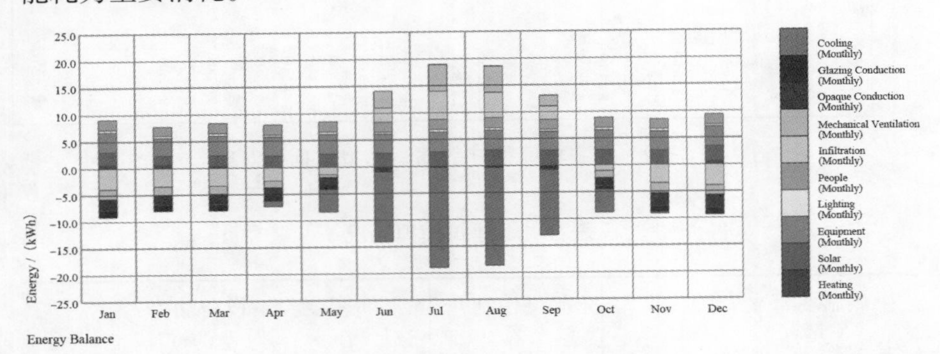

图 3-13　“自然之间”厦门地区模拟每月能耗平衡情况（每平米）

图 3-14 所示为模拟厦门地区“自然之间”每月光伏发电量与建筑能耗之间的关系。从图中我们可以看出，除了夏季的 7 月和 8 月，光伏发电量总是超过用电量。全年总耗电量为 12544.8697 kWh，仅为光伏发电 16590.5235 kWh 时的 75.6%。通过计算，11.64 kW 的装机容量足以实现“自然之间”在厦门地区的能耗平衡。

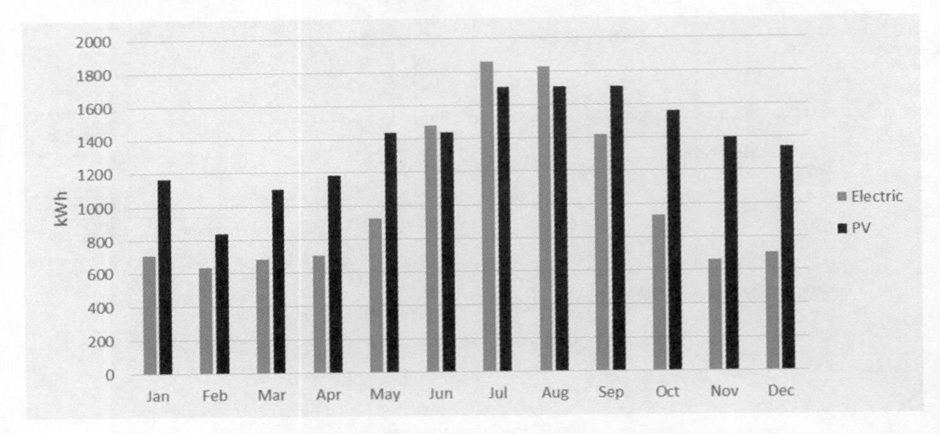

图 3-14　“自然之间”厦门地区模拟每月光伏发电量与能耗

4.1 筹备阶段

4.1.1 TEAM JIA+ 成立

在 2013 年的 SD 竞赛中，厦门大学参赛作品“Sunny Inside”获得了总分第六名的好成绩（国内仅次于华南理工大学和清华大学），并在两个单项比赛中并列第一。通过这次竞赛，厦门大学受到了诸多高校的认可，本届比赛的筹备阶段收到了来自法国布列塔尼高校和山东大学的合作邀请，校领导也非常重视 2018 年的 SD 竞赛，于是，由厦门大学副校长牵头，在建筑大师 Philippe Madec 教授和厦门大学建筑学院院长、“当代中国百名建筑师”之一的王绍森教授的带领下，厦门大学、山东大学、法国布列塔尼高校决定强强联合。2016 年 2 月，厦门大学、法国布列塔尼高校团队、山东大学第一次联络；2016 年 3 月，三方成功递交申请，共同备战 2018 年中国国际太阳能十项全能大赛，中法联队 JIA+（TEAM JIA+）从此诞生，并且不断地发展壮大，成为一支包括来自建筑设计、土木工程、室内设计、电气自动化、能源与动力、光伏、给排水、外语系等各专业师生共百余人的团队。

4.1.2 项目起步

2016 年 4 月，“厦门大学 SD 中国太阳能竞赛筹备委员会”正式成立（图 4–1）。

图 4-1 合影留念

合作事宜达成共识后，项目进入设计阶段。我们设想将建筑建在厦门市一城中村中的真实地块（图 4–2），基地北侧为一闽南传统老建筑，新建筑加建在老建筑南侧，新老建筑共同供一三代五口之家居住。2016 年 5 月，团队收到竞赛组委会的准许参赛通知，厦门大学师生团队明确分工，完成了场地调研工作，整理测绘数据，绘制 CAD 平面及 SU 模型，为后续的多方合作设计提供了完善的资料。同时，分组学习往届竞赛的优秀作品案例，分析建筑能耗平衡，了解光伏前沿技术及实践。

图 4-2 建筑场地

2016 年 6 月，法国布列塔尼高校团队的 6 名学生来到中国，与厦门大学、山东大学学生和老师进行沟通和研讨比赛计划，进行初步的设计构思，包括节能技术构思、建筑形体构思，并进行前期准备（经费筹集、赞助筹集、施工方联络、会议组委会联络）；2016 年 7 月 4 日至 7 月 16 日，在厦门大学展开中法联合工作坊，完成概念方案的设计，提出了要结合“中国传统建筑精神：建筑与自然的和谐”这一概念，并融入建筑设计当中。这一方案得到了指导老师们的认可，“Nature Between”初具雏形，并于 2016 年 7 月 18 日向竞赛组委会提交初步设计文本（图 4–3）。

图 4-3　初步设计文本

图 4-4　设计团队合影

图 4-5　团队实地调研

4.1.3 队员培训

2016 年 7 月 27 日至 7 月 29 日，中国国际太阳能十项全能竞赛组委会举办了第一次培训会议，团队赴山东德州进行培训，学习竞赛的相关细则，包括竞赛场馆展馆布置、日程安排、评分规则等，同时对竞赛场地进行实地调研，采集德州气象数据，如图 4-4 ～图 4-8 所示。

图 4-6　培训会议现场

图 4-7　竞赛场地调研

图 4-8　第一次培训会合影

2017 年 1 月，团队再赴德州参加第二次培训会暨 SDC 系列论坛，并提交 1∶10 的实体模型，如图 4-9 所示。其间更细致深入地了解竞赛对建筑、能耗、施工等各方面的要求以及比赛期间的各种注意事项，特别是施工期间的物料堆场、货车吊车安排、混凝土基础浇筑要求、市政管线、参赛所需电动车的各方面要求等；在培训过程中，队员们也在不断地进行合作交流，且在各种团队活动中培养出了良好的团队氛围，并结识了很多优秀的赛队，互相交流学习。

图 4-9　团队第二次培训会及提交模型

4.1.4 方案深化

随着项目不断深入，团队分为建筑组、结构组、室内设计组、电气组、光伏组、外联组、BIM 组、工程管理组等十余个小组，明确分工，各项计划都有条不紊地进行，顺利完成方案的设计阶段。

建筑组在 BIM 组的配合下进行建筑设计，以保证设计方案具有较高的可实施性，并参考物理环境模拟结果调整方案，让建筑空间更加理性、高效(图 4-10)。在来自不同国度和高校的设计理念的碰撞交流中，建筑方案不断完善，通过新老建筑间的合院、建筑主体前的廊院、室内的内院等院落空间的营造，拉近人与自然之间的距离，体现作品的主题。结构方面则采用新型的装配式轻木结构体系，由于国内装配式木结构相关规范条例还不够成熟、完善，且建筑主体大部分材料为木材、稻草、竹材等，可参考的计算软件较少，结构组成员在指导老师的带领下，克服重重困难，进行结构方案的设计工作。室内方面，引入智能家居，在设备、家电、部分建筑构件等上运用智能控制系统。

图 4-10　中期设计文本及 BIM 模型

电气、光伏等小组也都顺利完成各自的设计任务。2016年11月18号，团队向竞赛组委会提交了我们的阶段性方案，建筑设计方案基本定型。

2016年11月30日下午，团队邀请了建筑与土木工程学院的土木工程及建筑方向的专家召开了结构方案讨论会，讨论团队现有的钢结构方案和木结构方案、3D模块化建造方案以及合作方法国高校联队提供的秸秆墙技术的可行性，确定了下一阶段的工作方向，如图4-11所示。

图4-11 讨论会现场照片

2016年12月中旬开始，团队着手进行建筑模型的制作，成员们分组分批次进行，经历了为期一个月左右的模型制作，我们TEAM JIA+的设计模型最终完成，如图4-12所示。其间不乏各学院各专业同学的通力合作，虽然遭遇各式各样的难题和困难，但最终都顺利化解。

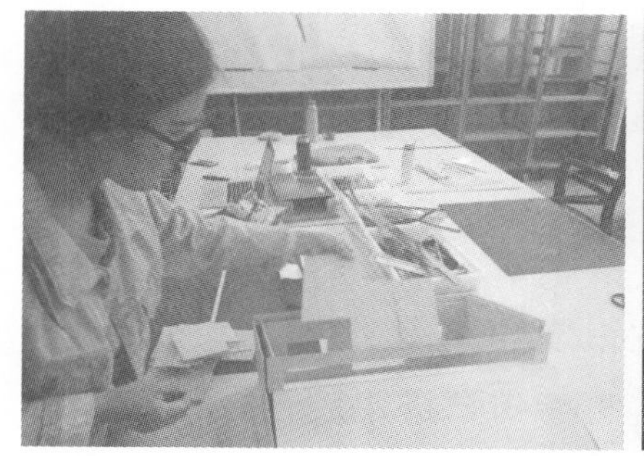

图4-12 制作模型及最终成果

4.1.5 施工前准备

方案设计阶段完成后，在学校的大力支持下，团队获得了厦门大学医院内的场地作为试搭建施工用地。由于建筑材料和建筑结构的特殊性，以及让学生，尤其是本科生作为主体真正从理论迈向实践去动手建房子，因此该项目需要更切合实际、更细致的前期准备工作。

2017年2月，团队敲定了最终设计方案和建设施工方案。在施工方案上，传统意义上的工程管理标准的工程管理进度计划并不适用于这个以学生为主的施工团队。在请教了多位工程经验丰富的老师以及工程管理人员后，团队制订了合理的施工计划。为了让同学们更好地在实践中学习、体验与交流，整个施工进度是比较慢的，施工时间也是根据学生课业以外的时间安排，包括了两个学期和一个暑期的时间，充分制订了各类应急预案，确保工程顺利完工。

物料方面，各设计小组协调并罗列所需物料清单，由财务和外联组申购材料并保留各类报销票据，保证材料在施工时能够准时进场。

此外，在外联组近一年的不断努力下，团队获得了来自各界的诸多赞助，为我们提供了大量材料，大到建筑主体的木材、光伏板、门窗，小到室内装修的管线、五金等，大大提高了建筑品质，保障了施工进度。

2017 年 4 月，法国学生到达中国完成学习任务；6 月，大批法国学生和两位法国木匠来到厦门，完成竞赛建筑试搭建最后的筹备工作，预制构件在合作工厂正式开工，项目进入建设阶段。

4.1.6 团队活动

在竞赛筹备阶段，团队在进行各项设计和筹备工作之余，也在指导老师们的带领下参加、举办了各类活动，对厦门大学 SD 竞赛项目起到了很好的宣传作用，同时也促进了队员间的交流，增强了团队凝聚力。

2016 年 10 月 29 日，厦门大学建筑与土木工程学院石峰副教授带领队员参加第 13 届中国厦门人居环境展示会暨中国国际建筑节能博览会和 2016 厦门国际设计周——红点在中国。

结合本次竞赛，团队同学们重点参观了建筑节能馆。在馆中，我们看到了来自全国各地数十家知名企业展示的各类最新节能技术和产品——公共建筑节能改造成果、建筑节能监管体系、低碳生态城建设成果、可再生能源、绿色照明节能光电、绿色建筑节能智能材料等，设计组的同学还和参展的技术设计人员进行了交流，获得了一些好的建议，有了新的思路，获益匪浅。

同时，在展会上，队员们向观众们展示了“自然之间”的设计理念以及成果，受到诸多好评，更有一些企业表达了合作意向，如图 4–13 所示。

图 4–13　展会现场

2016 年 11 月 6 日晚，SD 厦门大学团队新老队员交流会在曾呈奎楼 118 报告厅顺利举行。建筑与土木工程学院王绍森院长及诸多指导老师都出席交流会为同学们答疑解惑，2013SDC 厦门大学参赛队的老队员向本届厦门大学参赛队的新队员传授经验、指点迷津，这也是厦门大学赛队 SD 精神的传承，如图 4–14 所示。

图 4–14　交流会现场照片

2016 年 11 月 13 日至 15 日，2013SDC 厦门大学参赛队领队林育欣老师带领本届队员参加 2016 BIC 上海国际建筑工业化展览会，如图 4-15 所示。

2017 年 4 月 14 日下午，法国驻广州总领事馆科技与高等教育合作领事 Nicolas Gherardi（倪杰缔）莅临厦门大学建筑与土木工程学院，并与 TEAM JIA+ 成员展开座谈。参会人员还有法国驻广州总领事馆随行人员南美美，TEAM JIA+ 指导老师张燕来、石峰及中法双方学生负责人，如图 4-16 所示。

2017 年 5 月底，团队分别在厦门大学三家村广场、芙蓉四门口以及海韵一期食堂门口举办两场现场招募活动，以发放传单、细心口述等方法让更多人了解 TEAM JIA+。活动现场，工作人员向有意加入者讲述了 TEAM JIA+ 的优秀团队组成、SD 极高的社会影响力，以及加入后的搭建、外联工作事宜。活动过程中，许多人对 TEAM JIA+ 表现出浓厚的兴趣，并有不少同学现场填写了招募表，有意加入队伍，为本届竞赛贡献自己的力量，如图 4-17 所示。

图 4-15 展览会现场

图 4-16 法国驻广州领事馆领事会谈

图 4-17 活动现场

2017 年 6 月 18 日，团队在厦门大学曾呈奎楼 118 报告厅内举办 TEAM JIA+ 施工阶段的动员大会（图 4-18），共同回顾设计阶段的收获和成果，并对即将到来的全面施工阶段进行展望。大会强调了施工过程中的安全问题，同时强调了在施工过程中每位同学都应有集体荣誉感和集体责任感，并对接下来的施工阶段工作进行了部署。

图 4-18　动员大会现场照片

图 4-19　团建活动照片

2017 年 8 月，从厦门大学 TEAM JIA+ 基地出发，小伙伴们放下了手中的工作，怀着澎湃的心情，环绕半个厦门岛来到了五缘湾帆船港坐帆船。这也是 TEAM JIA+ 施工启动以来第一次大型的团队建设活动，如图 4-19 所示。在一片片欢声笑语夹杂着海浪声中，TEAM JIA+ 成员互相又有了更深一步的认识。晚上，TEAM JIA+ 又来到了位于观音山海滩边的露天烧烤，大家一起载歌载舞，尽享和伙伴们在一起的美好时光。相信这一天，小伙伴们所有的欢笑都为 TEAM JIA+ 的未来前进之路打下了更为坚实的基础。

4.2 建造阶段

为保证竞赛时能准时、精确地完成搭建工作，团队在厦门进行了构件工厂预制以及试搭建，随后再拆装运往德州进行正式竞赛搭建。

4.2.1 预制构件阶段

2017 年 6 月，团队开始构件预制工作。在法方木匠老师 Jonathon 及中方木匠师傅上官衍林的指导下，团队成员学会了使用电动扳手、开孔器、木工夹等工具，并学习了基本的木工知识。各个楼板、墙体、屋面等构件按施工图纸在厦门

市绿家园木工厂进行预制，制作流程为：下料→制作组合构件骨架→填充木屑→制作模块骨架→填充稻草板→铺设内侧防潮纸→封 OSB 板→铺设外侧呼吸纸及钉顺水条（图 4-20）。

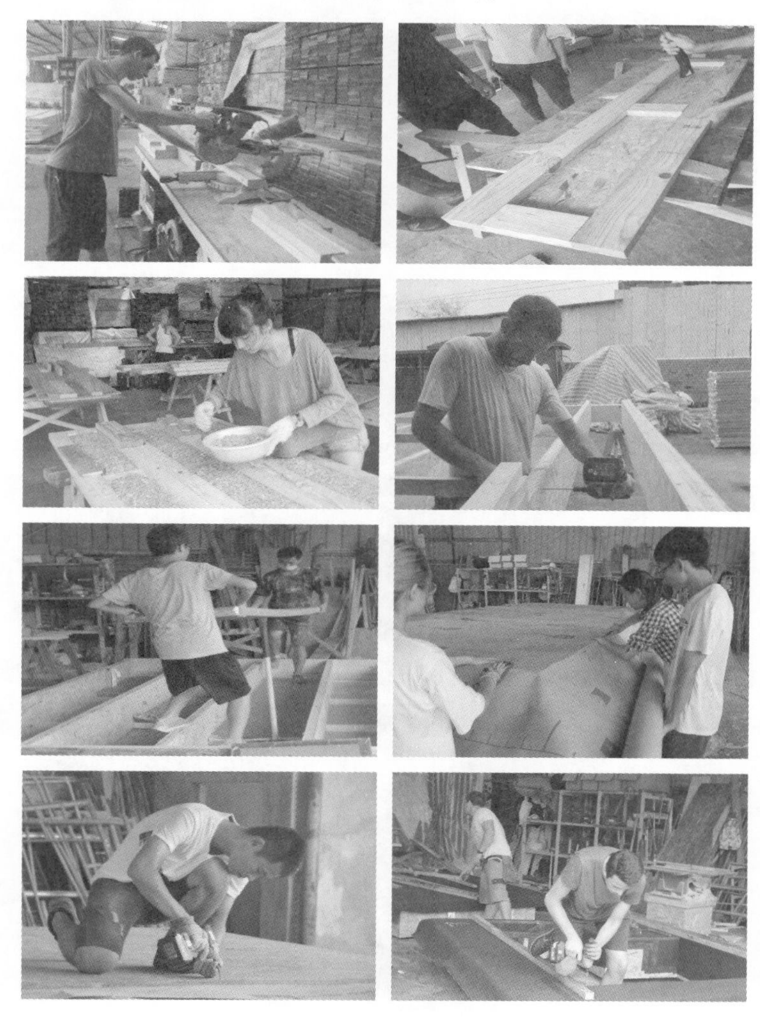

图 4-20 构件预制流程

构件预制持续了近两个月时间，其间适逢期末考试周及暑期小学期，各位团队成员展现了艰苦奋斗的卓越品质，在兼顾学业的同时，保质保量地完成了构件预制的任务，为后期的构件吊装奠定了关键的基础。

4.2.2 试搭建阶段

在工厂预制构件的同时，位于厦门大学医院旁的试搭建场地也在开展搭建前的准备工作，包括场地平整、基础下混凝土垫层施工、测量放线、钢基础安置等，如图 4-21 所示。

图 4-21 搭建前准备工作

构件预制结束后，团队开始结构主体的试搭建工作。施工流程为：

地板吊装→一层墙体吊装→框架梁柱吊装→二层墙体吊装→夹层楼面及内墙吊装→屋面吊装。结构主体吊装施工从 2017 年 8 月 13 日持续到 8 月 17 日，用时 5 天，如图 4–22 所示。

图 4-22　结构主体吊装

随后由于厦门金砖会议、开学等影响，团队暂停了集中大规模施工，进入了一段时间的休整期。在此期间，团队在调整人员架构的同时，也穿插完成了屋面防水以及门窗的安装，如图 4–23 所示。

图 4-23　屋面防水及门窗安装

2017 年 11 月，团队开始小范围施工。施工组成员利用周末的时间，完成了北侧屋面雨篷制作及安装、吊顶龙骨安装、室内开孔、部分电气走线等工作，如图 4–24 所示。

图 4-24　小范围施工

2018 年 1 月，利用考试周及寒假前期的时间，团队进行了集中施工。在近一个月的施工时间中，团队高效地完成了内外饰面板、木楼梯、遮阳框架的安装、部分电气布线。同时，来自山东大学的暖通组成员也在本月月中来到厦门，完成了暖通管线的布置，如图 4–25 所示。

图 4-25 寒假集中施工

2018 年 3 月至 5 月，团队又陆续完成了室外柱门、景观墙、木平台的制作安装，以及光伏支架、光伏板和老房子构架的安装等收尾工作，如图 4–26 所示。至此，作品已完成大部分施工内容，部分细节考虑到尺寸变动、材料或性能损耗等因素未在试搭建过程中进行。试搭建完成后实景如图 4–27 所示。

图 4-26 试搭建阶段收尾工作

图 4-27 试搭建完成后实景

试搭建阶段是整个建造阶段中最核心，也是最重要的阶段。在此过程中，团队不仅在技术层面上发现并克服了许多难点，为正式参赛的搭建工作做足前期准备或是提供经验教训，更在施工过程中增进了成员间的友谊，提高了团队凝聚力，在团队建设层面上形成了较为完备的内部统筹管理制度，为最后的参赛注入“强心剂”。

4.2.3 拆运阶段

2018 年 6 月初，即赛前一个月左右，团队拆装作品并将其运输至山东德州竞赛场地。拆装过程中，为了提高竞赛搭建时的施工效率，尽可能地保留了装饰构件模块和结构构件模块，从而减少竞赛搭建时的工作量（图 4-28）。构件拆下后直接装车运输，所有构件共采用 6 辆 17 m 平板货车以及 4 辆集装箱车装载，用时 9 天运至德州（图 4-29）。

图 4-28 构件拆下后有序堆放

图 4-29 构件装车

构件的装载运输关系到构件的完好性以及施工的便捷性，是装配化建造至关重要的一步。为了在竞赛搭建时能快速准确地找到所需构件，团队将所有建筑构件按照在建筑中的位置及类型有序地拆分和编号，并根据施工组织计划的使用先后顺序进行装车。构件编号在构件上直接标注，同时绘制与之对应的编号图以便重新搭建时准确识别。同时，为保证构件在运输过程中完好无损，构件之间还设置了木支撑以避免相互间的挤压破坏，同时还根据各构件的使用特点进行防雨、边角加固等特殊保护（图 4–30）。

图 4-30　构件到达德州竞赛场地仓储区

4. 2. 4 竞赛搭建阶段

团队于 7 月 7 日前分批抵达山东德州，在经历了两天的组委会技术培训后，于 7 月 9 日正式开始竞赛搭建。搭建过程中，团队按照试搭建提前制定的施工横道图严格控制施工时间，每个施工项目都设置专门负责人统筹管理执行（图 4–31）。同时，遇到不利因素，如天气的影响，根据情况即时调整横道图，增加交叉作业。最终，参赛作品在 23 天时间内高效、高质量地完成全部搭建工作，如图 4–32 ～图 4–54 所示。

作品建成后实景如图 4–55 所示。

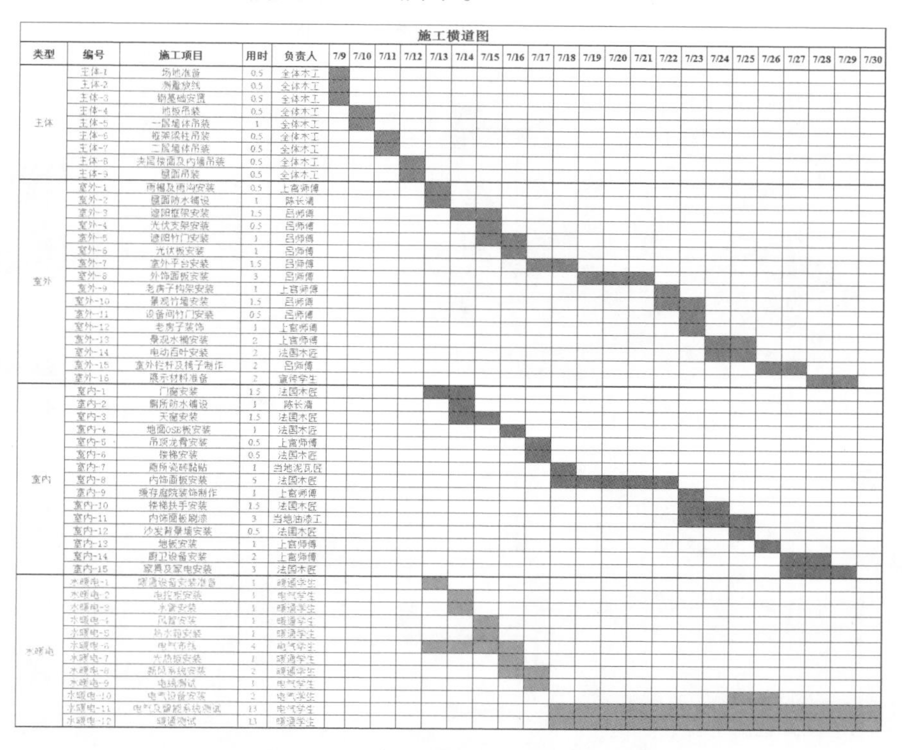

施工横道图

类型	编号	施工项目	用时	负责人	7/9	7/10	7/11	7/12	7/13	7/14	7/15	7/16	7/17	7/18	7/19	7/20	7/21	7/22	7/23	7/24	7/25	7/26	7/27	7/28	7/29	7/30
主体	主体-1	场地准备	0.5	全体木工																						
	主体-2	测量放线	0.5	全体木工																						
	主体-3	钢基础安置	0.5	全体木工																						
	主体-4	地板吊装	0.5	全体木工																						
	主体-5	一层墙体吊装	1	全体木工																						
	主体-6	框架梁柱吊装	0.5	全体木工																						
	主体-7	二层墙体吊装	0.5	全体木工																						
	主体-8	夹层楼面及内墙吊装	0.5	全体木工																						
	主体-9	屋面吊装	0.5	全体木工																						
室外	室外-1	雨棚及雨沟安装	0.5	上官师傅																						
	室外-2	屋面防水铺设	1	陈长满																						
	室外-3	遮阳框架安装	1.5	吕师傅																						
	室外-4	光伏支架安装	0.5	吕师傅																						
	室外-5	遮阳竹门安装	1	吕师傅																						
	室外-6	光伏板安装	1	吕师傅																						
	室外-7	室外平台安装	1.5	吕师傅																						
	室外-8	外饰面板安装	3	吕师傅																						
	室外-9	老虎子构架安装	1	上官师傅																						
	室外-10	景观竹墙安装	1.5	吕师傅																						
	室外-11	设备间竹门安装	0.5	吕师傅																						
	室外-12	老虎子装饰	1	上官师傅																						
	室外-13	景观水槽安装	2	上官师傅																						
	室外-14	电动百叶安装	2	法国木匠																						
	室外-15	室外栏杆及梯子制作	2	吕师傅																						
	室外-16	展示材料准备	2	宣传学生																						
室内	室内-1	门窗安装	1.5	法国木匠																						
	室内-2	厕所防水铺设	1	陈长满																						
	室内-3	天窗安装	1.5	法国木匠																						
	室内-4	地面OSB板安装	1	法国木匠																						
	室内-5	吊顶龙骨安装	0.5	上官师傅																						
	室内-6	楼梯安装	0.5	法国木匠																						
	室内-7	厕所瓷砖黏贴	1	当地泥瓦匠																						
	室内-8	内饰面板安装	5	法国木匠																						
	室内-9	缓存庭院装饰制作	1	上官师傅																						
	室内-10	楼梯扶手安装	1.5	法国木匠																						
	室内-11	内饰面板刷漆	3	当地油漆工																						
	室内-12	沙发背景墙安装	0.5	法国木匠																						
	室内-13	地板安装	1	上官师傅																						
	室内-14	厨卫设备安装	2	上官师傅																						
	室内-15	家具及家电安装	3	法国木匠																						
水暖电	水暖电-1	暖通设备安装准备	1	暖通学生																						
	水暖电-2	电控柜安装	1	电气学生																						
	水暖电-3	水管安装	1	暖通学生																						
	水暖电-4	风管安装	1	暖通学生																						
	水暖电-5	热水箱安装	1	暖通学生																						
	水暖电-6	电气布线	4	电气学生																						
	水暖电-7	光热板安装	1	暖通学生																						
	水暖电-8	新风系统安装	2	暖通学生																						
	水暖电-9	电线测试	1	电气学生																						
	水暖电-10	电气设备安装	2	电气学生																						
	水暖电-11	电气及储能系统测试	13	电气学生																						
	水暖电-12	暖通测试	13	暖通学生																						

图 4-31　竞赛搭建阶段施工横道

图 4-32　第一天（放样、安装钢基础、连接配电箱、构件进场）

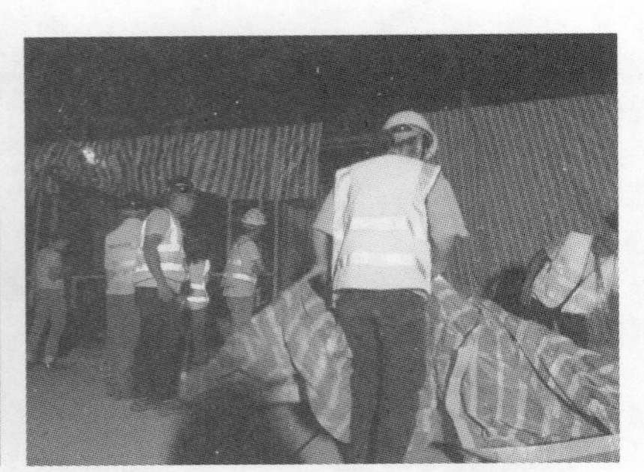

图 4-33　第二天（吊装架空地板、吊装一层外墙、打磨景观墙、盖防雨布）

图 4-34　第三天（吊装木框架、吊装二层墙体、连接一层墙体、清洗竹门）

图 4-35　第四天（装订遮雨布、连接二层墙体、安装门窗、吊装屋面）

图 4-36　第五天（安装门窗、盖遮雨布、安装雨沟）

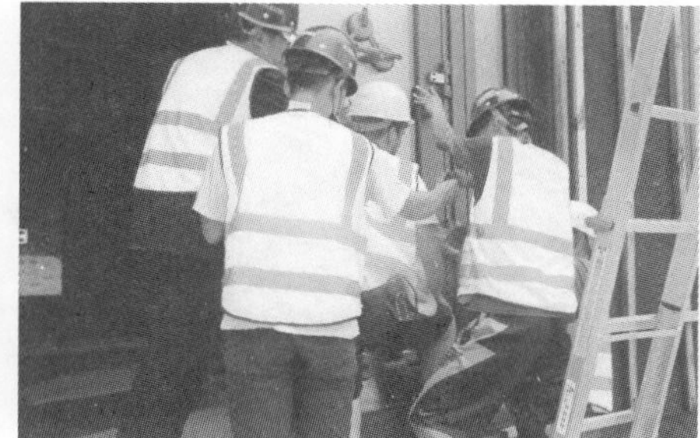

图 4-37　第六天（安装门窗、准备木平台安装）

图 4-38　第七天（安装木平台支撑、安装吊顶龙骨、填充门窗发泡剂、布置暖通管道）

图 4-39　第八天（填充门窗发泡剂、安装木平台支撑、安装外饰面板龙骨、布置电线）

图 4-40　第九天（铺设屋面防水板、安装木平台地板、安装暖通设备、布置外墙电线）

图 4-41 第十天（安装室外木框架、安装室内楼梯、安装景观墙、安装暖通设备）

图 4-42 第十一天（安装内饰面板、吊装光伏支架、安装景观墙）

图 4-43 第十二天（安装外饰面板、清洗并吊装光伏板、安装竹门）

图 4-44　第十三天（安装外饰面板、安装竹门、铺设管线）

图 4-45　第十四天（安装内饰面板、安装老房子构架、清洗吨桶）

图 4-46　第十五天（安装老房子构架、安置吨桶基座）

图 4-47　第十六天（安装厨房导光管、打磨内饰面板、安装屋面饰面板、吨桶连接）

图 4-48　第十七天（安装屋面饰面板、铺设弱电电线、安装中庭地板、安装电动百叶）

图 4-49　第十八天（安装老房子构架面板、铺设中庭电线、安装平台座椅、安装管道保温层）

图 4-50 第十九天（安装平台地灯、安装天花板、安装灯具、安装家具）

图 4-51 第二十天（安装雨水链、清理周边、布置植被、安装平台楼梯）

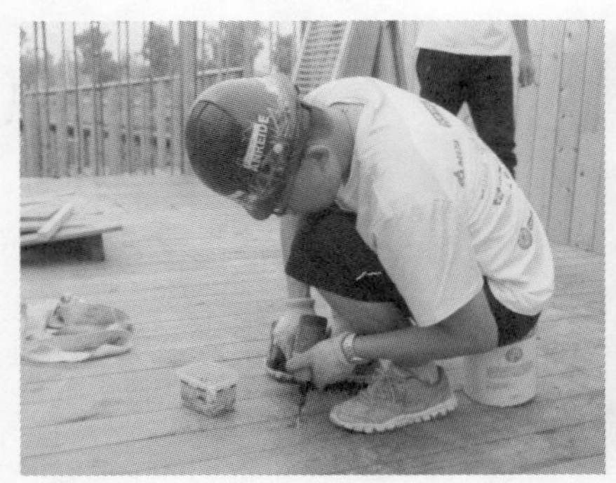

图 4-52 第二十一天（加固平台地板、铺设景观石子路、安装室外灯具、布置中庭）

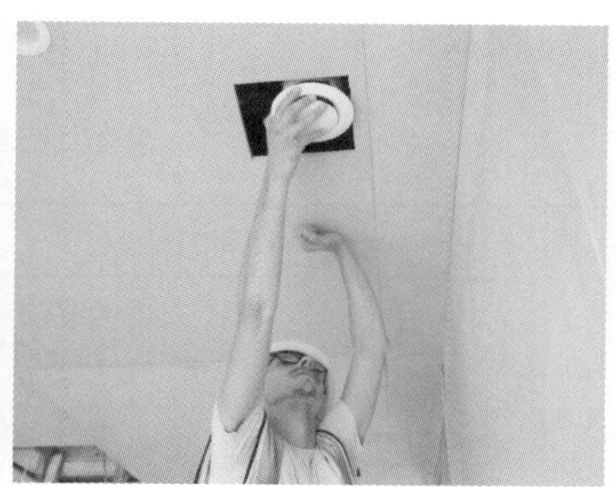

图 4-53　第二十二天（安装光热板、安装暖通风口、铺设景观石子路、打磨室外景观装饰）

图 4-54　第二十三天（打磨室外景观装饰、安装暖通风口、清理室内外场地）

图 4-55　作品建成后实景

4.3 测试阶段

4. 3. 1 测试任务

经过两年半的准备，2018 年 6 月中旬“自然之间”被运往德州参加正式比赛。经过 23 天的紧张施工，8 月 2 日至 8 月 16 日组委会对房屋进行了测试，测试内容见表 4-1。在“舒适区域”测试中，对建筑室内温湿度、CO_2、$PM_{2.5}$ 水平进行监测。在“能源绩效”测试中，对建筑能耗平衡情况及太阳能板发电能力进行测试。另外，在“舒适区域”测试中，组委会还提供了 3 个传感器，分别放在客厅、南卧室和二楼卧室，收集整个比赛除公开展览和开放参观以外期间的数据，利用实测数据来验证“自然之间”设计策略的可行性。

表 4-1　测试内容

编号	项　目	评判类型	简　述
1	建筑设计（architecture）	主观	考察参赛房屋设计概念的完整性和建造的完成度与创新性。在功能、美学的基本要求之上，着重强调建筑设计对于结构、机械、水电、景观等各部分的整合以及对自然光与人工光源的合理调节。同时考察建筑在建造过程中对围护、材料的创新性设计与运用
2	市场潜力（market appeal）	主观	考察赛队房屋的宜居性（livability）、市场吸引力（marketability）、可实施性（buildability）和可负担性（affordability），针对参赛房屋的目标人群，提出安全、舒适以及操作便捷的方案
3	工程技术（engineering）	主观	考察房屋舒适环境相关的技术创新性（innovation）、功能性（functionality）、效率（efficiency）与可靠性（reliability）。在保证系统稳定的同时，需要兼顾系统节能性与市场潜力
4	宣传推广（communication）	主观	要求赛队有明确的宣传策略（communications strategy），通过网站、社交媒体等线上平台（electronic communications），现场标示和公众展示材料以及公众展览 3 方面面向公众进行持续而有创意的宣传展示
5	创新能力（innovation）	主观	从水资源利用（water usage）、空气质量（air quality）、空间加热（space heating）等方面考察赛队的创新解决方案。同时，也在主被动解决方案（active and passive solutions）、环境、社会、文化及商业潜力（environmental，social，cultural and commercial potential）等方面综合考察参赛房屋的创新能力

续表

编号	项目	评判类型	简述
6	舒适区域 （comfort zone）	客观监测	温度（40%）：保持区域温度在 22 ～ 25 ℃之间 湿度（20%）：保持区域的相对湿度 <60% CO_2（20%）：保持区域的 CO_2 浓度 <1000 uL/L $PM_{2.5}$（20%）：保持区域的 $PM_{2.5}$ 浓度 <35 μg/m^3
7	家用电器 （appliances）	客观任务	冰箱（10%）：保持冰箱冷藏室温度在 1 ～ 4 ℃范围内 冰柜（10%）：保持冰箱冷冻室温度在 –30 ～ 15 ℃范围内 洗衣（16%）：洗涤 8 负荷衣服（1 个负荷 =6 条浴巾） 晾衣（32%）：将 8 负荷湿衣服（1 个负荷 =6 条浴巾）恢复原有重量 洗碗机（17%）：洗涤 5 负荷盘子（1 个负荷 = 8 套餐具）最高温度达到 49 ℃ 烹饪（15%）：完成 5 个烹饪任务（1 个任务 =2 h 内蒸发 2 kg 水）

续表

编号	项目	评判类型	简述
8	居家生活 （home life）	客观任务	照明（25%）：所有室内外的灯在夜间全开 热水（50%）：完成 16 次取水（1 次取水 =10 min 内取出 60 L 平均温度 45 ℃的水） 电子产品（10%）：指定时间内操作 1 台电视和电脑 晚宴（10%）：举办 2 次 8 人晚宴 电影之夜（5%）：邀请邻居至家庭影院看 1 部电影
9	电动通勤 （commuting）	客观任务	驾驶 4 次电动车，每次在 1 h 内行驶 40 km；竞赛结束时，电动汽车电池需恢复满电量状态
10	能源绩效 （energy）	客观监测	能耗平衡（energy balance，80%）：竞赛期间产生的电能至少能满足消耗 发电能力（generating capacity，20%）：单位光伏板面积产生的电能

图 4-56 所示为本次比赛测试日程安排。在测试过程中，竞赛和任

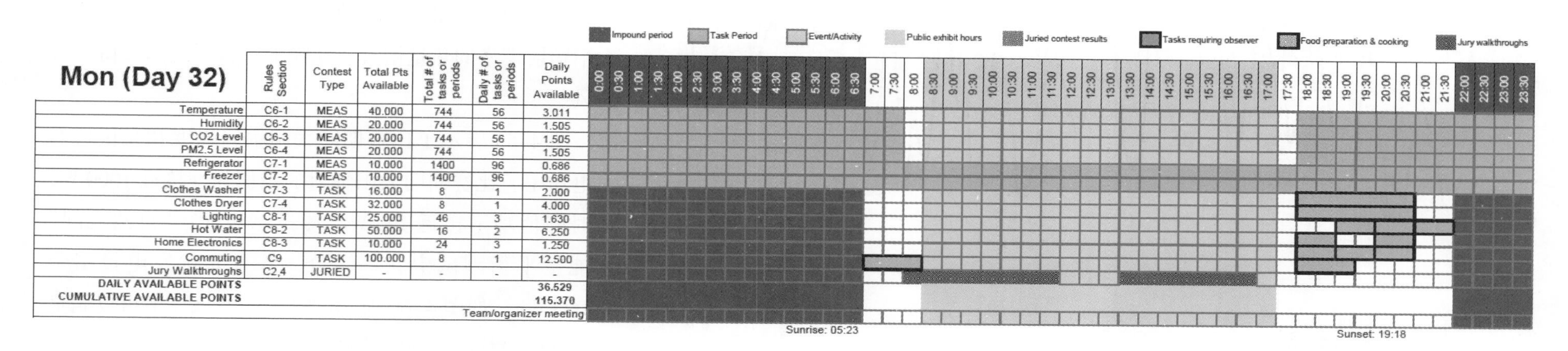

Mon (Day 32)

	Rules Section	Contest Type	Total Pts Available	Total # of tasks or periods	Daily # of tasks or periods	Daily Points Available
Temperature	C6-1	MEAS	40.000	744	56	3.011
Humidity	C6-2	MEAS	20.000	744	56	1.505
CO2 Level	C6-3	MEAS	20.000	744	56	1.505
PM2.5 Level	C6-4	MEAS	20.000	744	56	1.505
Refrigerator	C7-1	MEAS	10.000	1400	96	0.686
Freezer	C7-2	MEAS	10.000	1400	96	0.686
Clothes Washer	C7-3	TASK	16.000	8	1	2.000
Clothes Dryer	C7-4	TASK	32.000	8	1	4.000
Lighting	C8-1	TASK	25.000	46	3	1.630
Hot Water	C8-2	TASK	50.000	16	2	6.250
Home Electronics	C8-3	TASK	10.000	24	3	1.250
Commuting	C9	TASK	100.000	8	1	12.500
Jury Walkthroughs	C2,4	JURIED	-	-	-	-
DAILY AVAILABLE POINTS						36.529
CUMULATIVE AVAILABLE POINTS						115.370
						Team/organizer meeting

图 4-56　比赛测试日程安排

务会同时在室内进行，所以团队必须认真准备每一个任务，尽量减少对环境测量的影响。

4.3.2 比赛期间气候数据以及能耗情况

比赛期间室外气候数据由“自然之间”屋面上的气象站进行测量，用于对比分析比赛期间室外空气温度、湿度和太阳辐射。

图 4–57 所示为比赛期间室内外空气温度。图 4–58 所示为室内湿度情况。

比赛大部分时间室外温度较高，中午常超过 40 ℃，晚上达 30 ℃，空气湿度同样很高。因此，为达到比赛要求的室内温度标准（22 ～ 25 ℃），HVAC 系统与被动式策略需一起使用，如使用动态遮阳来减少太阳辐射带来的热量增益，在晚上打开中庭的天窗进行通风。

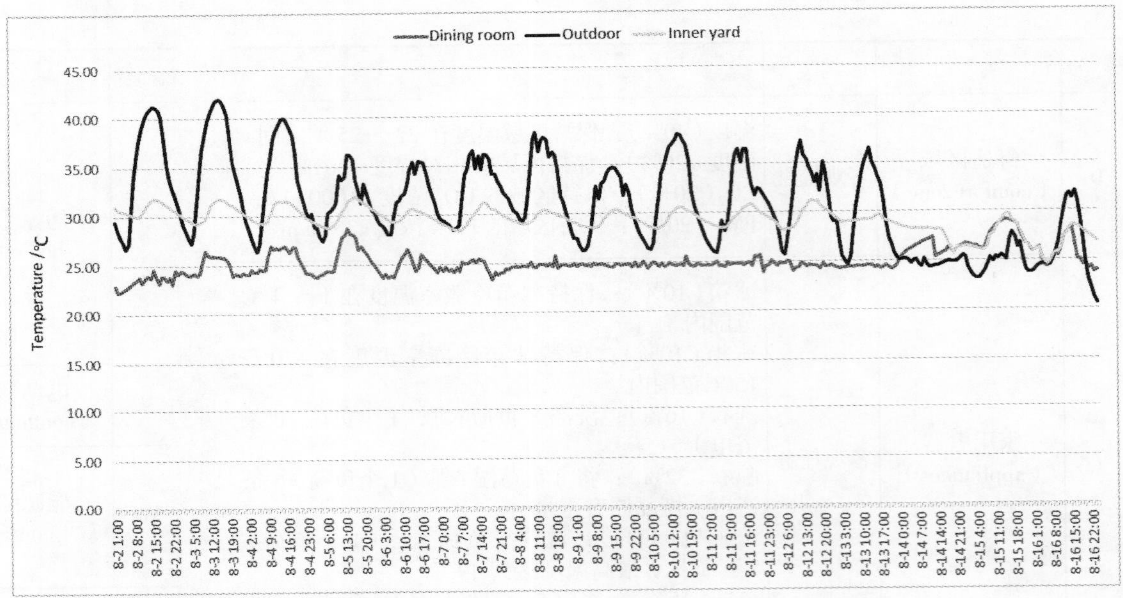

图 4-57 比赛期间室外、内院及餐厅的空气温度

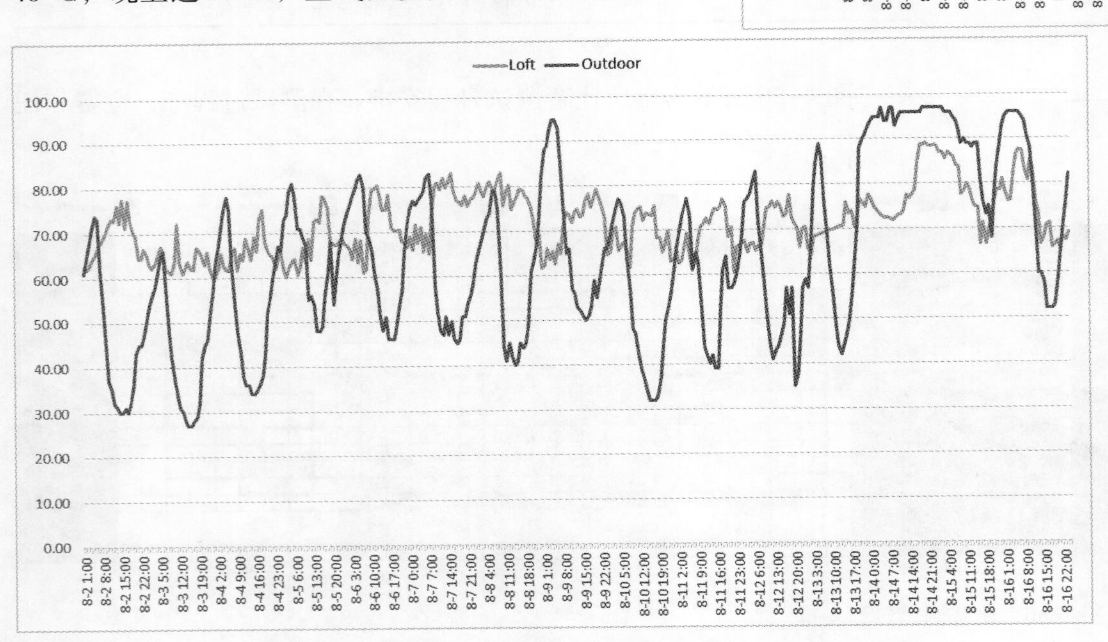

图 4-58 比赛期间室内外湿度

图 4–59 展示了比赛期间太阳辐射强度和光伏板的发电功率。比赛期间太阳辐射的峰值强度接近 1000 W，瞬时峰值功率接近 12 kW。测试结束时，“自然之间”在能量平衡测试中获得满分，并且光伏发电量结余 37.00 kWh，如图 4–60 所示。这意味着该住宅可以满足零能耗建筑标准，节能策略是可行的。

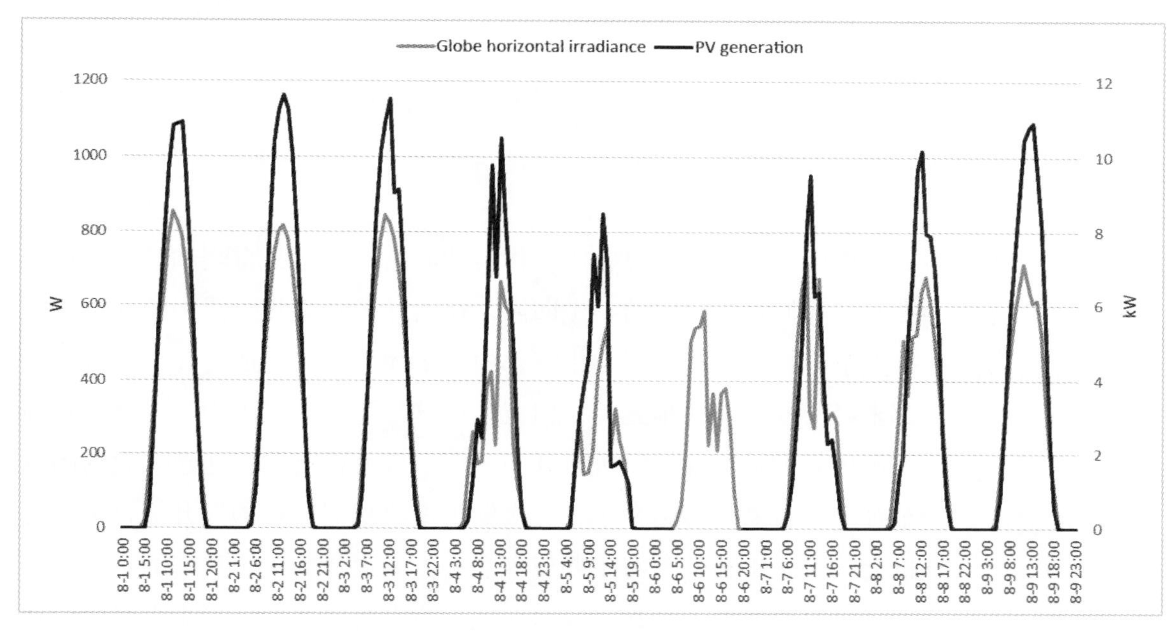

图 4-59 比赛期间太阳辐射强度及太阳能板发电量

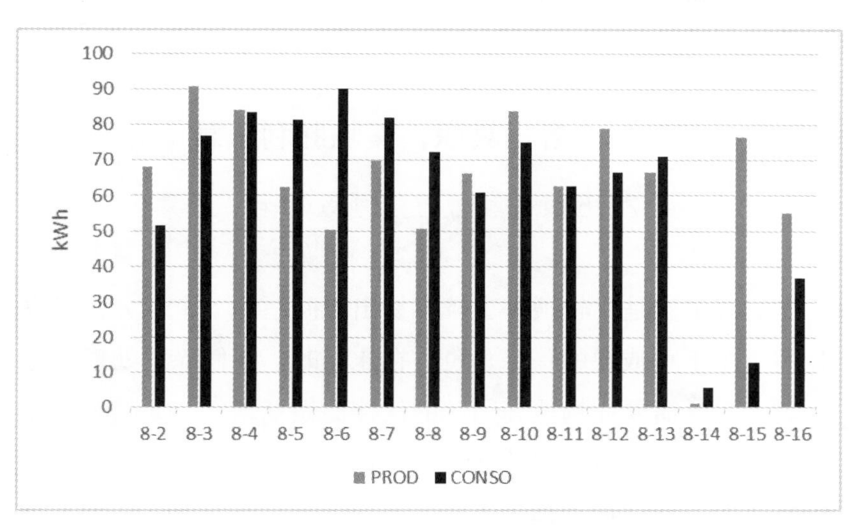

图 4-60 比赛期间发电量及能耗对比

4.4 参赛花絮：赞助商、访谈故事及花絮

4. 4. 1 赞助商

SD 竞赛要求实际建造一栋零能耗的住宅建筑，并满足高标准的室内环境需求和完备的家居功能需求，因此经费需求很大。赛队通过多方筹措，得到了数十家企业的支持和赞助，赞助的设备、材料、经费等，总金额超过 200 万元。主要的赞助商如图 4-61 所示。

图 4-61 赞助商一览

4.4.2 访谈故事及花絮

天涯比邻，携手创造佳绩

2015 级本科建筑系学生　李冰月

这种协作模式加深了我对集体意识的理解。尽管团队成员间有着地域、语言等种种差别，但我们有着一致的目标。作为厦大的学生，在这次比赛中，我从队友身上学到了很多，尤其是来自法国的同学，他们动手能力更强，乐于付出。我们互相学习、互相帮助，共同成长，彼此获益良多。这份珍贵的友情也一直持续到比赛之后，成为人生中独一无二的回忆。

才华横溢，抒写创新理念

2014 级本科建筑系学生　叶雨朦

随着城市化进程的加快和随之而来的传统村庄的大量消失，我们希望通过在一座老房子的院子里建造一栋新房子来重新诠释老房子的价值，从而探索解决拥挤的城市中居住舒适性的问题。设计主题为“自然之间”，我们希望通过各种不同的方式在城市中创造自然舒适又便于建造的居住环境。我们将院子（合院、廊院、内院）穿插于新建筑中以及新、老建筑间，塑造亲近人与自然的室内外空间，同时有被动式调节住宅舒适度的作用。

独当一面，怀揣感恩之心

2015 级本科建筑系学生　张宇昊

用两个词语来形容完成工作后的心情，自然是自豪和感谢。自豪在于，我们是实打实的学生团队，在指导老师们和师傅们的理论技术指点下，一切现场施工和指挥都由学生团队独立完成。几乎所有同学都未经历复杂的实地施工，但就是在这短短二十三天中，大家不断训练出极好的动手能力，可以独当一面。厦大精英们快速建立起的团队精神令我自豪。感谢在于，这次施工带给我们很好的提升综合素质的机会。大学本科的学习主要以概念、方案设计为主，我们的常规课程作业可以说是纸上谈兵，但这次施工我全程参与，一步步慢慢地学到了很多难得的知识和经验，懂得了团队默契的意义，掌握了现场应变的能力。

各司其职，奏响胜利乐章

2015 级本科城市规划系学生　张舜评

财务虽然是比较琐碎也较容易出现问题的一个部分，但也是整个比赛当中不可或缺的一个角色。在比赛时，我们除了处理财务方面的问题，也是需要在场地和团队的伙伴们做互动的，如随时关注负责场地施工的同学是否需要什么材料、估算补给水分的时间等，犹如一部电影当中幕前演员和幕后工作人员的关系。所以个人认为不存在因为

财务问题较为琐碎而降低在赛事中的参与度的情况。

众人划桨，乘风踏浪前行

2016 级本科城乡规划系学生 陈钰杰

我记忆最深刻的事是在一个雨夜。那天在最后做收尾工作的时候，突降暴雨。由于房子的门窗防水还未施工完毕，必须对门窗洞口进行紧急遮盖。当时我拿着电动扳手，要用一根木条把防水布固定在门洞上方。我当时站在湿滑的梯子上，为了够到最旁边的一个固定点，半个身子都探出去了。我的队友们在黑暗中为我扶梯子，打手电，同时也在不断地给我提示，最终我们用最快的速度完成了门窗洞口的封闭。这只有一个互相信任、配合默契的团队才可能做到。

回眸当日，歌笑此程似影

2016 级本科城乡规划系学生 陈叶林

德州一行，此赛留影；其程难忘，其志长存！一赛千得，无愧此生；一行开眼，学海无恨！五洲四海，各展其能；八方九道，同奏佳音。华筑新思，阔眼展心；由无至有，团结乃成。回首再思，此程如影。见识既广，友谊更深；经验既得，能力渐增。

硕果累累，提高专业素养

2015 级本科建筑系学生 买吐地·买提热依木

说实话，我以前写作业是为了完成老师的任务。但在实体搭建的时候，我体会到了平时不认真的后果，如画错某个图，就会出现施工失误、无法完成搭建的情况。这让我学会了要认真对待学习、工作和生活。

还有在学理论知识的时候，我对空间尺寸的理解不到位。但在实体搭建的时候，我们可以自己测量空间尺寸大小，体会平面图比例跟实体比例之间的关系。这加深了我对空间的理解，对以后的学习有一定的帮助。

大胆实践，真知吐露暗香

2015 级本科建筑系学生 蔡竞文

作为施工组的一员，我认为课堂上学习的理论给我们提供了一部分知识上的储备，亲自实践时就会发现只有知识是远远不足的。实际搭建对于动手能力、出现问题时的临时应变能力的要求，都是在课堂上学不到的。因此，我们看似都是学校中的“高才生”，但到了工地上，也只是一群帮倒忙的初级学徒罢了。然而，建筑的最终落成无疑是最大的回报。

埋头做事，抵达成功彼岸

2016 级本科城乡规划系学生　林锋

别说太多，动手做就对了！

在一片沙地中幸运地拾得一颗珍珠，很美；

在茫茫人海里幸福地遇到一支团队，很棒。

从队伍刚开始施工时的迷茫，从陌生同学见面时的浅笑，从钉子砸到手时的痛楚……

到了后来——

大家处理一个又一个突发问题时的从容，五缘湾帆船时的开怀，夜晚 party 时的狂欢，封顶仪式时的笑靥，落成仪式时的释怀，颁奖仪式时的喜悦……

一切都是那么的美好！

积极宣传，吐哺之心无价

2015 级本科建筑系学生　蔡子宸

前期公众号的内容主要针对团队宣传推广、征集人员、记录准备过程等，同时还起到辅助赞助商理解和知晓我们赛队的组成和工作情况。

中期实体搭建期间，公众号主要是介绍搭建过程以及赛队的活动：如中法环境月、帆船活动、party 之夜等，同时也有对施工专访、人居展、海峡文博会等各方面的宣传。

比赛期间的一个半月时间，我们每天都会进行实地拍摄、视频录像。除此以外，我们也整合每日的趣闻轶事做了一些展现 TEAM JIA+ 活泼风气的创意推送。公众号是面向国内的一个重要端口，但是并不唯一，我们还有 Twitter、Facebook、Instagram、微博和官方网站。

运筹帷幄，安全推进项目

2017 级建筑学研究生　黄晶晶

安全一直是我们团队最为重视的一点，在比赛中我们也一直秉承“安全第一”的原则，确保施工过程的安全。第一，我们团队的领队周立立、施工负责人庄诗潮和我作为安全负责人，在比赛一年前就得到安全管理员证书。第二，在正式比赛前一个月，我们进行了一次系统的完整的施工安全培训，提高团队安全意识。第三，在正式比赛之前，我们进行过一次预搭建，期间队员们不断学习和积累安全规范使用电气及施工作业的经验，保证了正式比赛时顺利完成作业。第四，正式比赛时，我全程留在施工现场，巡视大家着装、电气使用等各个方面的安全规范问题，保证每一位同学的安全。

我觉得团队合作中最重要的是团队精神，而我认为的我们团队精神就是“家”的精神。比赛前前后后持续了近 3 年的时间，从 0 到 1，再到如今的 100，汇聚的是每一个队员的青春与热血。比赛过程中，比起矛盾，我觉得更多的时候是因为遇到瓶颈而使得我们快坚持不下去了。到后期比赛进入白热化阶段时，北侧外饰面因为场地更换问题，

尺寸发生了很大变化，修改工作冗杂的程度让大家几乎气馁，要消极怠工。就在这时，我看见诗潮满头大汗地从屋顶上爬下来，又立马拿起地板上比他整个人还大3倍的外饰面板贴到墙上，重新对比尺寸。大家很快被诗潮的这股干劲感染了，阴霾一扫而空，又重新打起精神干了起来。

苦中作乐，奉献铸就成绩

2017级土木工程研究生　邓颖航

在SDC2018中，我们每天都过着披星戴月的生活。在广阔无垠的德州平原上，我们的施工队是每个早上迎接太阳升起的地平线，是夜晚星空下最亮的群星。在20多天的建设过程中，我们保质保量，不完成当日进度绝不下工。苦中作乐的精神是支撑我们的力量源泉，无论面对多苦的屋顶防水布设，多累的光伏板吊装，我们都在相互支撑下熬过。我印象最深的是闫树睿学生的“傻精神”，干SD的都“傻”——为了团队，为了房子，废寝忘食、不求回报、奉献自我。正是每个人都具备这种“傻干”的奉献精神，才能创造最后的辉煌。

化繁为简，实践诞生真知

2016级土木研究生　庄诗潮

我认为明确分工是协调各队员之间各项工作的关键。在结构设计初期，由于对木结构的不熟悉以及分工的不明确，结构组的工作一度处于停滞状态。后来我们将设计内容分为诸如构件、节点、基础以及软件计算等多块内容，并分工到人，设定时限，才使得设计工作顺利地开展起来。施工阶段的工作更为复杂，施工现场存在不确定性，有时缺材料，有时天气差，这使得我们很难制订长期的分工计划，因此我们一般是根据现场施工的情况临时进行分工。期间比较大的困难在于施工工作量的不均匀，也就是有时太忙，有时太闲。针对这种情况，我们通过制订合理的施工进度计划，在闲时多做一些后续工作的准备工作，既减少队员们忙时的工作强度，又能充分、高效地利用时间。

由于我们都是没有接触过实际工程的学生，因此施工图纸中存在许多不合理的地方，在实际施工中很难实现。例如，设计时的钢基础与架空地面的连接采用螺栓连接，但施工前发现由于操作空间以及施工精度的限制，该连接方案很难实现。通过与木工师傅们以及指导老师们的讨论研究，我们临时将连接方式改为螺钉连接，从而在满足强度要求的同时更易于施工。像这样临近施工前匆忙改图纸的情况还很多，归根到底还是我们的经验有限。在这种情况下，我们一般是咨询经验丰富的木工师傅们以及指导老师们，综合他们的意见细化施工图，大胆取舍，让方案具有可行性。

结合自然，创造智能建筑

2016级建筑历史与理论研究生　周立立

“自然之间”的设计亮点体现在多方面。首先，建筑理念方面，我们立足闽南地域环境和气候特征，以厦门一城中村的真实地块为基地，通过处理新老建筑的空间关系来实现地域类型的建构和对城乡更新的思考。材质上，90% 为天然材料——轻木结构、稻草保温以及竹子遮阳百叶；节能上，主被动技术结合；空间上，通过合院及其与之相连的餐厅形成新老建筑的对话，客厅、餐厅、厨房、儿童房之间的流动性与透明性促进家庭的自然和谐关系。其次，电气设计上，统一的控制协议将多种智能产品融合在系统中，实现家居的智能化管理；采用装配式的安全接头，使电线可随结构主体的装配式 2D 模块拆卸。最后，水系统中，将回收的工业废品——塑料吨桶切割、相连而形成水池和雨水回收池，达到调节建筑微气候、种植物、养鱼以及收集和再利用雨水等多重作用。

不负韶华，建造自然之家

2015 级建筑学硕士研究生　闫树睿

2018 中国国际太阳能十项全能竞赛已经结束，我们的 TEAM JIA+，在 18 支参赛队伍中取得了综合第三名，以及 10 个单项中“居家生活”项和“电动通勤”项并列第一的好成绩。作为团队的设计负责人，我从建筑方案设计、施工图深化，到试搭建，再到正式比赛，全程参与了整个竞赛筹备的各个阶段，可以说我的整个硕士阶段大部分时间和精力都给了 SD。

这个比赛无论是对参赛学生还是指导老师来说都是一次巨大的挑战。我们的团队着眼于中国乡村，关注地域条件。为了实现对农作物秸秆的利用，参赛作品采用了结构保温一体化的新型轻木结构体系，将稻草等农作物秸秆用作保温材料，并采用了预制 2D 模块化构件进行装配式建造，以适应农村施工条件和路况。在国内，这套新型建造体系并没有相关案例作为参照，从整套建造体系的设计到建筑主体构件生产再到施工建造，师生们都在摸着石头过河，投入了大量的时间和精力，攻克了一个个难题。创新，这个当代中国急需的词语，深深扎根在了大家的心底。SD 竞赛使我们无论是解决问题的能力还是团队沟通协调的能力都得到了很大的提高，也告诉了我们创新是有多么不容易。经历了这次锻炼，当我们再次面对挑战时，或许会少了几分惶恐，多了一份从容吧。

比赛筹备工作历时两年半，团队从 2016 年 3 月份开始进行建筑设计，经过了一年多的推敲和深化，2017 年 6 月开始了建筑主体构件工厂预制，2017 年 8 月 17 日完成建筑主体封顶。之后又经过了将近一年时间的后续施工和研究，于 2018 年 6 月完成了整个建筑的全部试搭建。2018 年 7 月初完成了整体建筑的拆除工作，将全部建筑构件运抵山东德州赛场，并在 23 天的比赛时间内圆满完成了全部建造工作，2018 年 8 月 17 日比赛正式结束。两年半的时间，前后共有将近两百名师生参与了相关工作，其中厦门大学共有来自 7 个院系的 100 多名师生参加。忘不了施工组同学们在厦大医院试搭建场地冒着酷暑留下的一滴滴汗水，忘不了法国队友们和设计组的同学们在海洋楼 424 熬夜赶图的身影，忘不了结构组、电器组、暖通组队员们的技术攻关，也忘不了外联组、宣传组、财务组、协调组同学们的默默付出。当然，团队背后还有中法的老师们以及技艺精湛的木匠师傅们为我们的施工保驾护航。回想起来，很多或是欢乐或是辛酸的场景都历历在目。

还记得2016年冬天石峰老师在北京冒着寒风带着我们一家家拜访赞助商，记得陈兰英老师和林育新老师在百忙之中带着我们去参观学习装配式建筑，记得庄诗潮在比赛施工最紧要关头蜷缩在吊顶夹层6个小时填充保温材料，记得周立立、黄晶晶、林宛婷承担了很多繁重的报销任务，也记得韩抒言为了处理中法合作问题竭尽心力的沟通和协调……团队的每一位成员都以各自的方式为着共同的目标贡献着力量。

由于这次比赛我们团队的参与人数和单位都比较多，团队协调和沟通就成了问题。比赛筹备期间，各方都在探索便捷高效的沟通方式，最终形成了一方主导、多方协作、各有分工、长期工作和短期workshop相结合的工作模式。厦门大学、法方、山东大学三方定期通过视频会议和互访进行沟通，并利用寒暑假时间组织师生集中赴厦门参与关键性工作。其中法方还专门派了团队负责人长期驻扎在厦门大学，来协调双方事务。各方通过密切协作实现优势互补，保证了项目的顺利推进。经过了长时间的密切协作和磨合，整个团队配合得越来越默契，大家之间的感情也越来越深厚。正如石峰老师在一次团队会议上说：“我们不可能做一辈子的SD，但我们可以做一辈子的朋友。”是啊，在这个比赛中，我们不光建造了一座房子，也建成了一个真正的家。

两年半的时间一晃而过，2018SD竞赛已经结束，现如今TEAM JIA+在厦大海洋楼的办公室已经改作他用，厦大医院的试搭建场地又恢复了原来的样子，团队成员们大多都已毕业，开启了各自的新旅程。唯有那座“自然之家”还伫立在赛场，守着整个团队的记忆。也许有一天，它也会被拆除，一切都将不再，但这又何尝不是一种完美呢？SD竞赛所给予团队的，早已内化到每个人的内心，成了宝贵的经验和知识。大家将来会走向各个领域，在那里深耕不辍，开花结果，或许这便是参加这个竞赛最主要的意义所在吧。

4.4.3 厦门大学团队参赛学生名单

厦门大学团队参赛学生名单见表4–2。

表4–2　厦门大学团队参赛学生名单

姓　名	学　院	姓　名	学　院
韩抒言	建筑与土木工程学院	乐　乐	建筑与土木工程学院
周立立	建筑与土木工程学院	邓师瑶	艺术学院
闫树睿	建筑与土木工程学院	蒙春旺	艺术学院
庄诗潮	建筑与土木工程学院	王　俊	航空航天学院
胡　赤	建筑与土木工程学院	刘成运	能源学院
蒋浩宇	建筑与土木工程学院	陈功勤	建筑与土木工程学院
钟　原	建筑与土木工程学院	陈西丹	建筑与土木工程学院
邵麟惠	建筑与土木工程学院	陈叶林	建筑与土木工程学院
韦艺昕	建筑与土木工程学院	胡承征	建筑与土木工程学院
叶雨朦	建筑与土木工程学院	买吐地	建筑与土木工程学院
黄晶晶	建筑与土木工程学院	余冠达	建筑与土木工程学院
李纪恒	艺术学院	袁慧婷	建筑与土木工程学院

续表

姓　名	学　院	姓　名	学　院
梁文豪	管理学院	庄　涛	建筑与土木工程学院
陈佳超	能源学院	练晓铭	能源学院
郑伟伟	建筑与土木工程学院	覃珌潭	能源学院
刘晓东	建筑与土木工程学院	王月姑	能源学院
卓馨宇	艺术学院	苏树苗	外文学院
蔡竞文	建筑与土木工程学院	徐　畅	软件学院
陈钰杰	建筑与土木工程学院	潘雅婷	法学院
林　锋	建筑与土木工程学院	蔡子宸	建筑与土木工程学院
杨　巽	建筑与土木工程学院	何钰浩	建筑与土木工程学院
张宇昊	建筑与土木工程学院	黄竞雄	建筑与土木工程学院
周荣敏	建筑与土木工程学院	武诗葭	建筑与土木工程学院
何淑婷	航空航天学院	徐欣雨	建筑与土木工程学院
林婉婷	经济学院	郑煌典	建筑与土木工程学院
王舒超	建筑与土木工程学院	李颖洁	建筑与土木工程学院
周晓琳	建筑与土木工程学院	黄颐鹏	艺术学院
唐卓艺	艺术学院	江逸楚	艺术学院
叶宇晴	艺术学院	原小圆	艺术学院
高翊博	航空航天学院	郑光泽	艺术学院
顾渫非	建筑与土木工程学院	吴　铮	航空航天学院
洪娇莉	建筑与土木工程学院	曾　禹	航空航天学院

续表

姓　名	学　院	姓　名	学　院
洪阳洲	建筑与土木工程学院	陈小寒	航空航天学院
黄佳鸿	建筑与土木工程学院	刘　汐	能源学院
黄恺怡	建筑与土木工程学院	尤佳彬	能源学院
黄文灿	建筑与土木工程学院	韩知行	外文学院
李冰月	建筑与土木工程学院	曾乐琪	建筑与土木工程学院
李静娴	建筑与土木工程学院	陈锦全	建筑与土木工程学院
李颖洁	建筑与土木工程学院	陈衔玥	建筑与土木工程学院
刘晖琨	建筑与土木工程学院	白　坤	建筑与土木工程学院
王家洲	建筑与土木工程学院	陈雨杉	建筑与土木工程学院
王智超	建筑与土木工程学院	程　月	建筑与土木工程学院
熊　怡	建筑与土木工程学院	代瑶瑶	建筑与土木工程学院
张寒林	建筑与土木工程学院	邓颖航	建筑与土木工程学院
张品文	建筑与土木工程学院	杜书玮	建筑与土木工程学院
张舜评	建筑与土木工程学院	高雅丽	建筑与土木工程学院
张文浩	建筑与土木工程学院	高宇轩	建筑与土木工程学院
张　莹	建筑与土木工程学院	李帅民	建筑与土木工程学院
张元元	建筑与土木工程学院	李思敏	建筑与土木工程学院
郑　静	建筑与土木工程学院	李艺琳	建筑与土木工程学院
祖　武	建筑与土木工程学院	李　莹	建筑与土木工程学院
蔡佳琪	建筑与土木工程学院	李毓鸿	建筑与土木工程学院

续表

姓　名	学　院	姓　名	学　院
兰　菁	建筑与土木工程学院	林芳萍	建筑与土木工程学院
鲁玉婷	建筑与土木工程学院	黄文锦	建筑与土木工程学院
陈丹婷	艺术学院	姜明池	建筑与土木工程学院
林　科	建筑与土木工程学院	赵一泽	建筑与土木工程学院
林瑜洋	建筑与土木工程学院	郑雪峰	建筑与土木工程学院
刘露茜	建筑与土木工程学院	周慧杰	建筑与土木工程学院
卢聚彬	建筑与土木工程学院	周立佳	建筑与土木工程学院
孙力枰	建筑与土木工程学院	周雅楠	建筑与土木工程学院
孙怡铖	建筑与土木工程学院	鲍玉菡	外文学院
谭　迪	建筑与土木工程学院	朱若兰	外文学院
镡旭璐	建筑与土木工程学院	袁嘉茵	外文学院

续表

姓　名	学　院	姓　名	学　院
田丝雨	建筑与土木工程学院	张馨月	外文学院
王冬冬	建筑与土木工程学院	章　璇	外文学院
王俊斌	建筑与土木工程学院	陈琰东	艺术学院
王淑娴	建筑与土木工程学院	游棋伟	艺术学院
王旭枫	建筑与土木工程学院	黄思雨	艺术学院
王亚婕	建筑与土木工程学院	王亚荣	艺术学院
王莹钰	建筑与土木工程学院	陈　颖	能源学院
魏旭东	建筑与土木工程学院	李　莉	能源学院
吴卉艳	建筑与土木工程学院	林冠华	能源学院
谢　骁	建筑与土木工程学院	骈琪麟	能源学院
修思敏	建筑与土木工程学院	赵新知	物理科学与技术学院

第五章 『自然之间』零能耗建筑技术图纸

编号	图　　名
	建筑图纸
A-101	LOCATION PLAN
G-101	FINISHED SQUARE FOOTAGE
G-102	EMERGENCY EGRESS PLAN
G-103	ADA COMPLIANT TOUR ROUTE
G-202	SOLAR ENVELOPE ELEVATION-NORTH
G-601	SHADING DIAGRAMS AND SOLARIZATION
L-101	LANDSCAPE PLAN
L-102	LANDSCAPE PLATFORM
L-103	LANDSCAPE PLATFORM
L-401	OLD WALL
L-501	DETAILS OF WALLS
L-701	DETAILS OF PLANTS CONTAINERS
A-102	SITE PLAN
A-111	FIRST FLOOR PLAN
A-112	SECOND FLOOR PLAN
A-202	ELEVATIONS
A-203	ELEVATIONS
A-301	SECTIONS
A-303	SECTIONS
A-341	STAIRCASE
A-351	STAIRCASE

	节点大样图纸
A-402	WALL DETAILS
A-406	ROOF DETAILS
A-420	WINDOWS & DOORS DETAILS
A-430	INTERIOR HANDRAIL DETAILS
A-440	DETAILS OF INTERIA FINISHINGS
A-444	DETAILS OF WIRELINES & WALL LAMP
A-501	PLAN OF SUNSHADE
A-530	DETAILS OF PV
I-100	FIRST FLOOR FURNITURE LAYOUT
I-112	INTERIOR ELEVATION
I-121	FURNITURE DESIGN
I-130	CEILING PLAN
I-102	FIRST FLOOR ELEVATION INDEX
I-140	FRIST FLOOR LIGHTING PLAN
I-142	LANDSCAPE LIGHTING PLAN
F-101	FIRE DETECTION & ALARM

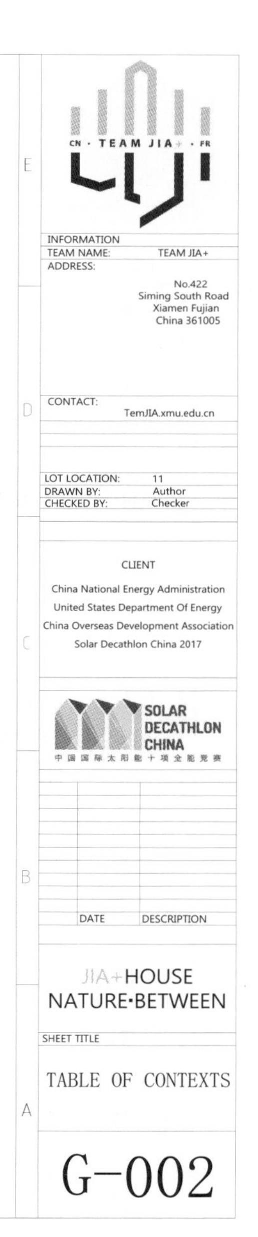

结构图纸	
S-101	FOUNDATION PLAN
S-102	FLOOR JOIST PLAN
S-105	SLOPE ROOF JOIST PLAN
S-107	WALL PLAN
S-301	OUTSIDE WALL PLAN
S-303	INSIDE WALL PLAN
S-304	WALL MODULE PLAN
S-501	DETAILS
S-507	DETAILS

给排水图纸	
P-101	PLUMBING SITE PLAN
P-108	BATHROOM SUPPLY & RETURN DETAILS
P-109	SUPPLY & RETURN MODEL

暖通图纸	
M-001	MECHANICAL SYMBOLS AND NOTES
M-101	VENTILATION PLAN
M-201	WATER SYSTEM PLAN
M-301	HVAC RISERS
M-401	HVAC ISOMETRICS
M-403	HVAC ISOMETRICS

电气设备图纸	
E-101	PV WIRING PLAN
E-201	INTERCONNECTION PLAN
E-202	FIRST FLOOR LIGHTING AND MOTOR PLAN
E-203	FIRST FLOOR SENSOR PLAN
E-204	FIRST FLOOR OUTLET PLAN
E-208	OUTSIDE LIGHTING AND MOTOR PLAN
E-301	TELECOMMUNICATION
E-401	PV DIAGRAM
E-402	THREE-LINE DIAGRAM

其他图纸	
O-501	CONSTRUCTION ASSEMBLY
O-502	CONSTRUCTION ASSEMBLY

CN · TEAM JIA+ · FR

INFORMATION
TEAM NAME: TEAM JIA+
ADDRESS: No.422 Siming South Road Xiamen Fujian China 361005

CONTACT: TemJIA.xmu.edu.cn

LOT LOCATION: 11
DRAWN BY: Author
CHECKED BY: Checker

CLIENT
China National Energy Administration
United States Department Of Energy
China Overseas Development Association
Solar Decathlon China 2017

SOLAR DECATHLON CHINA
中国国际太阳能十项全能竞赛

DATE | DESCRIPTION

JIA+HOUSE
NATURE·BETWEEN

SHEET TITLE
TABLE OF CONTEXTS

G-002

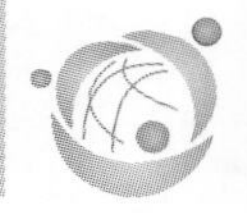

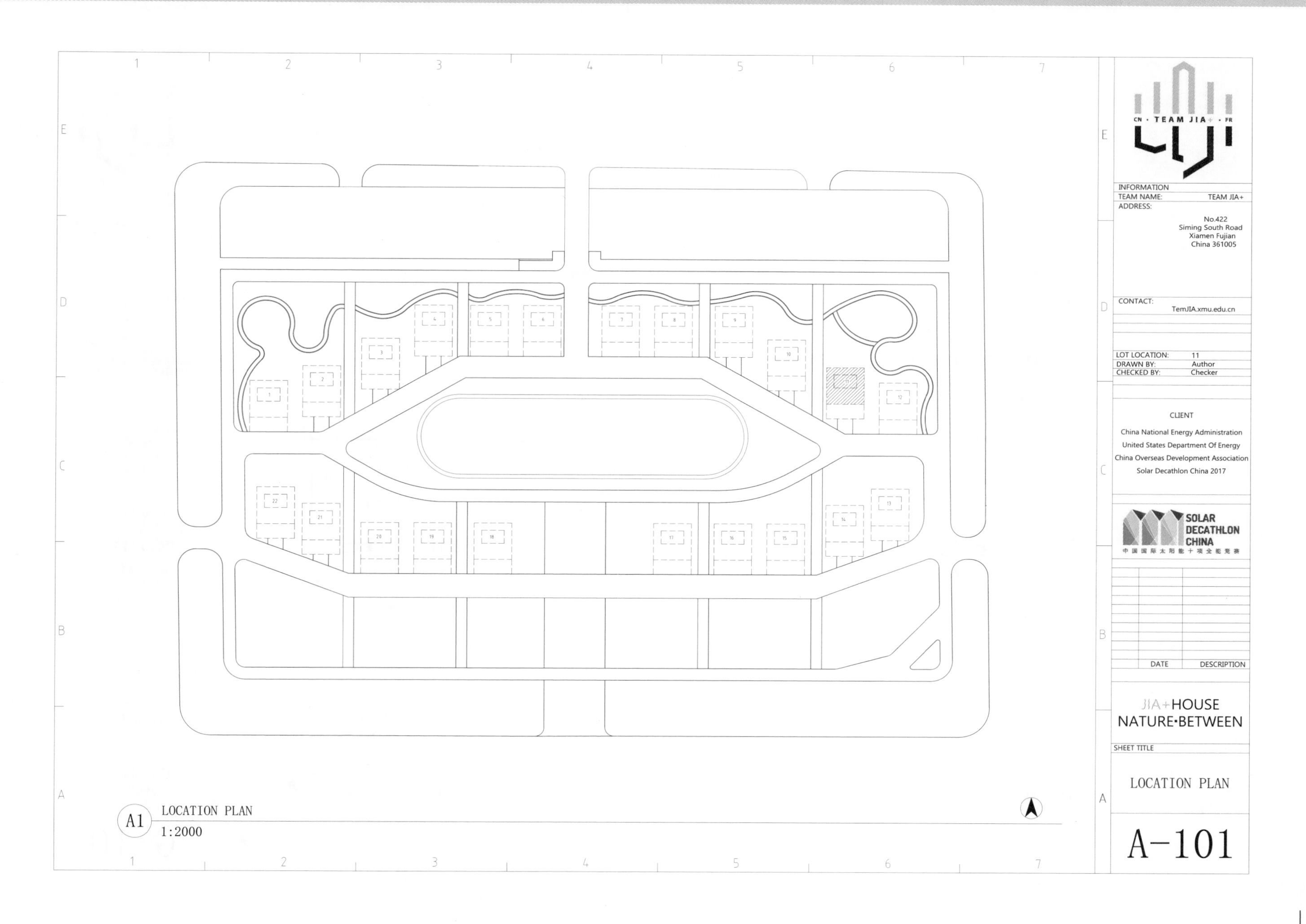
CN · TEAM JIA+ · FR
INFORMATION
TEAM NAME: TEAM JIA+
ADDRESS:
No.422
Siming South Road
Xiamen Fujian
China 361005
CONTACT: TemJIA.xmu.edu.cn
LOT LOCATION: 11
DRAWN BY: Author
CHECKED BY: Checker
CLIENT
China National Energy Administration
United States Department Of Energy
China Overseas Development Association
Solar Decathlon China 2017
SOLAR DECATHLON CHINA
DATE
DESCRIPTION
JIA+HOUSE
NATURE·BETWEEN
SHEET TITLE
LOCATION PLAN
A-101
A1
LOCATION PLAN
1:2000

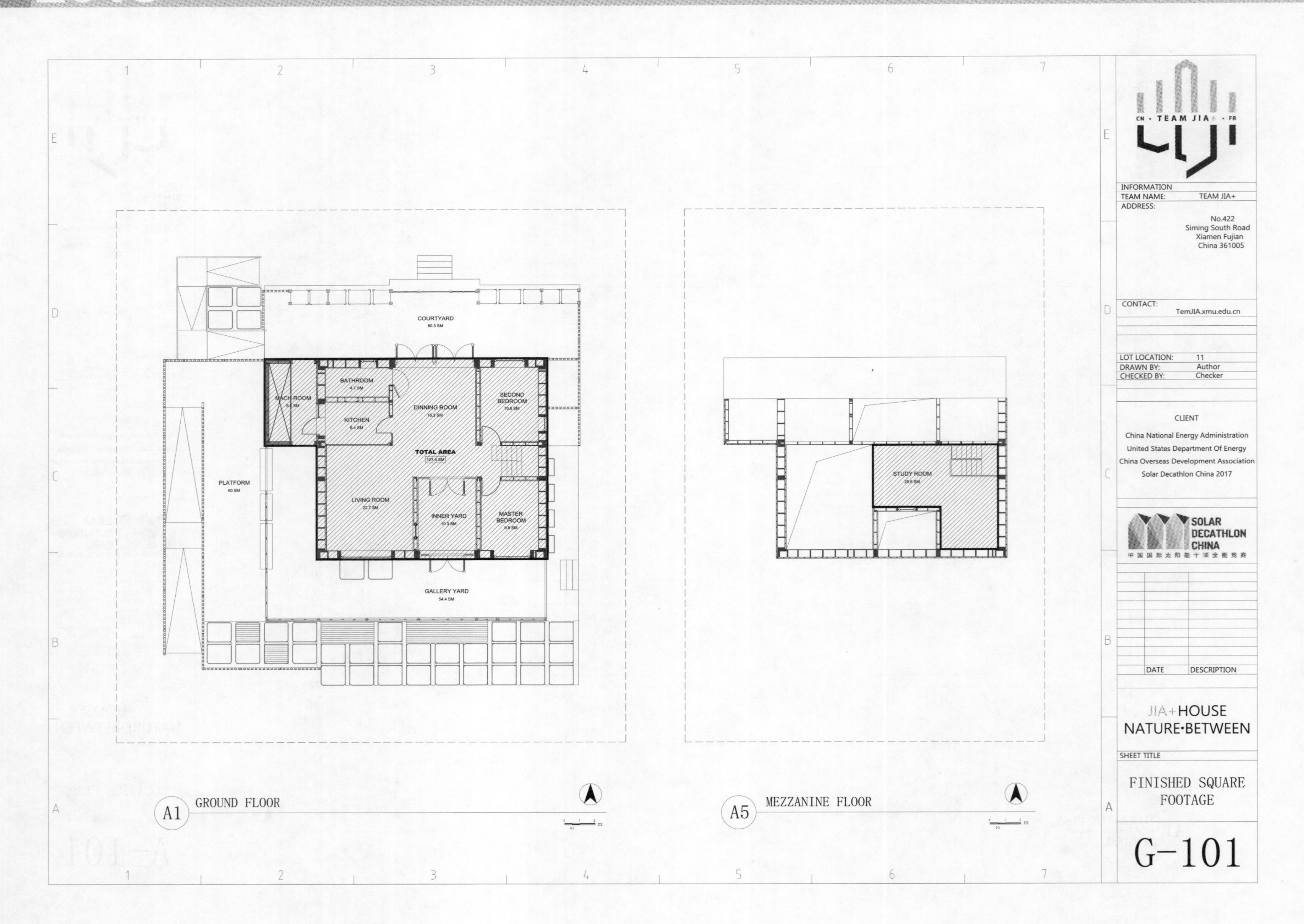
COURTYARD
60.3 SM
BATHROOM
4.7 SM
MACH ROOM
KITCHEN
5.4 SM
DINNING ROOM
16.3 SM
SECOND BEDROOM
10.6 SM
TOTAL AREA
127.5 SM
PLATFORM
60 SM
LIVING ROOM
22.7 SM
INNER YARD
10.3 SM
MASTER BEDROOM
9.8 SM
GALLERY YARD
54.4 SM
STUDY ROOM
28.9 SM
A1 GROUND FLOOR
A5 MEZZANINE FLOOR
CN · TEAM JIA+ · FR
INFORMATION
TEAM NAME: TEAM JIA+
ADDRESS:
No.422
Siming South Road
Xiamen Fujian
China 361005
CONTACT:
TemJIA.xmu.edu.cn
LOT LOCATION: 11
DRAWN BY: Author
CHECKED BY: Checker
CLIENT
China National Energy Administration
United States Department Of Energy
China Overseas Development Association
Solar Decathlon China 2017
SOLAR DECATHLON CHINA
DATE
DESCRIPTION
JIA+HOUSE
NATURE·BETWEEN
SHEET TITLE
FINISHED SQUARE FOOTAGE
G-101

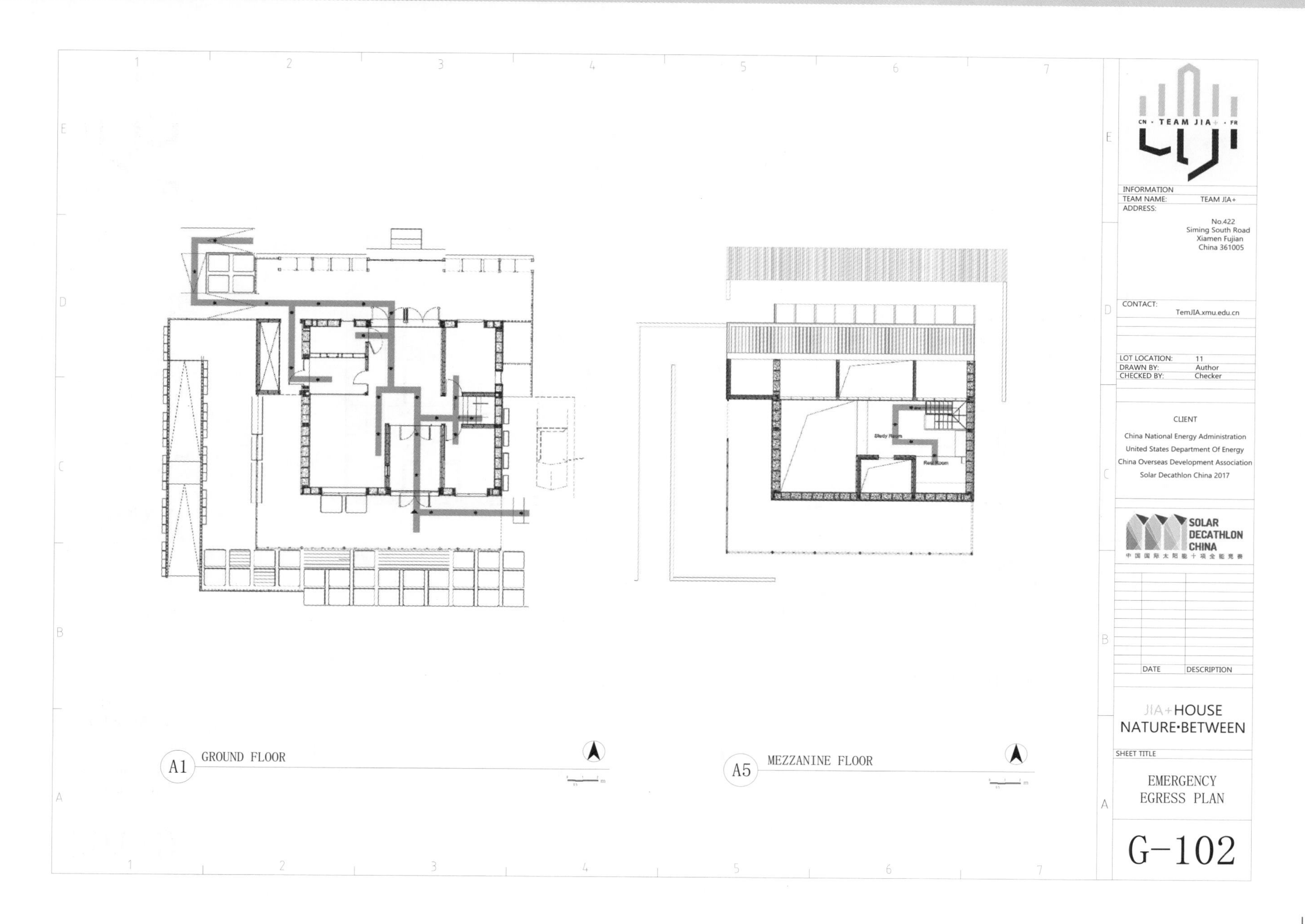
CN · TEAM JIA+ · FR
INFORMATION
TEAM NAME: TEAM JIA+
ADDRESS:
No.422
Siming South Road
Xiamen Fujian
China 361005
CONTACT:
TemJIA.xmu.edu.cn
LOT LOCATION: 11
DRAWN BY: Author
CHECKED BY: Checker
CLIENT
China National Energy Administration
United States Department Of Energy
China Overseas Development Association
Solar Decathlon China 2017
SOLAR DECATHLON CHINA
DATE
DESCRIPTION
JIA+HOUSE
NATURE·BETWEEN
SHEET TITLE
EMERGENCY
EGRESS PLAN
G-102
A1 GROUND FLOOR
A5 MEZZANINE FLOOR

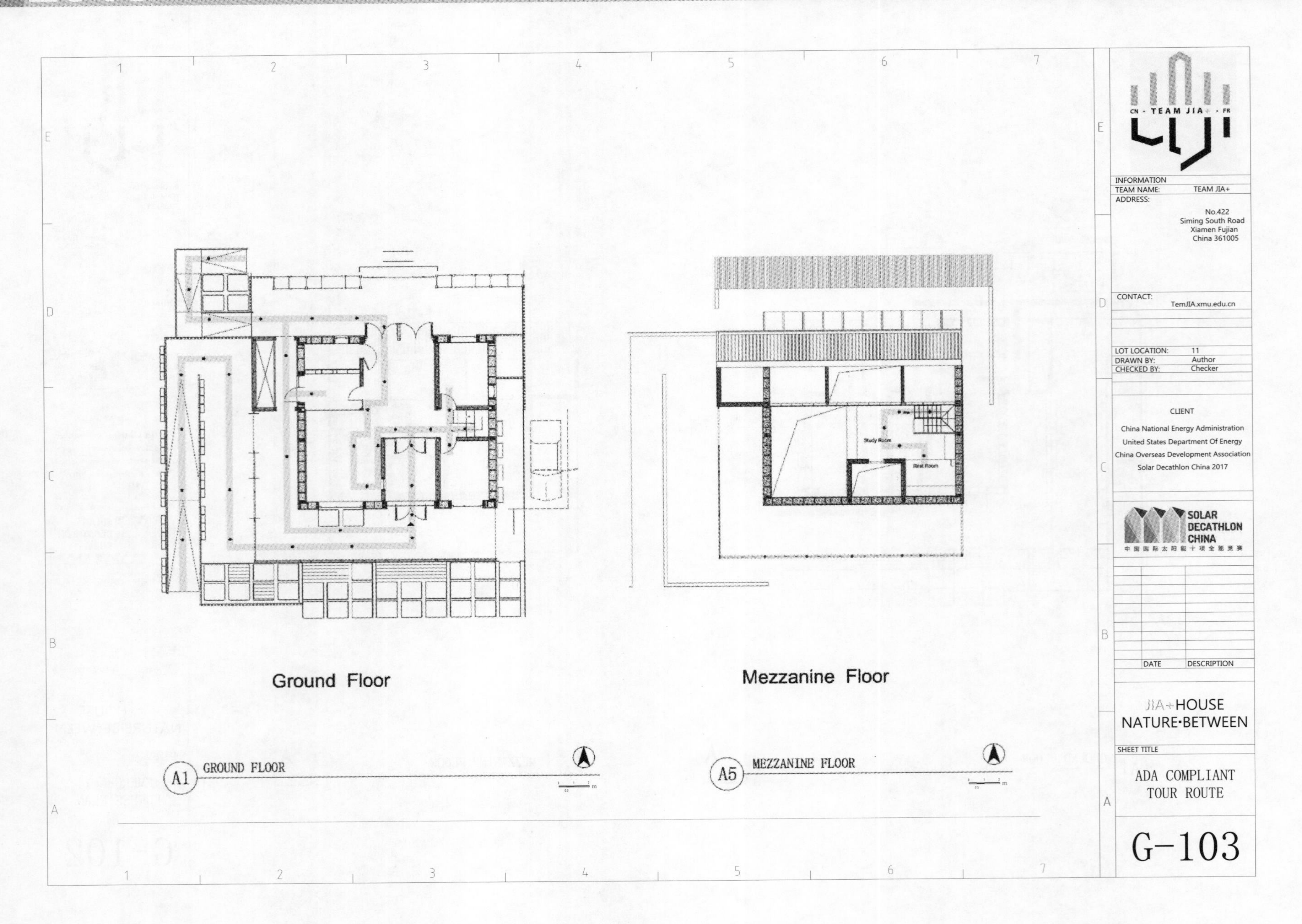
Ground Floor
Mezzanine Floor
A1 GROUND FLOOR
A5 MEZZANINE FLOOR
Study Room
Rest Room
CN · TEAM JIA+ · FR
INFORMATION
TEAM NAME: TEAM JIA+
ADDRESS:
No.422
Siming South Road
Xiamen Fujian
China 361005
CONTACT: TemJIA.xmu.edu.cn
LOT LOCATION: 11
DRAWN BY: Author
CHECKED BY: Checker
CLIENT
China National Energy Administration
United States Department Of Energy
China Overseas Development Association
Solar Decathlon China 2017
SOLAR DECATHLON CHINA
DATE
DESCRIPTION
JIA+HOUSE
NATURE·BETWEEN
SHEET TITLE
ADA COMPLIANT
TOUR ROUTE
G-103

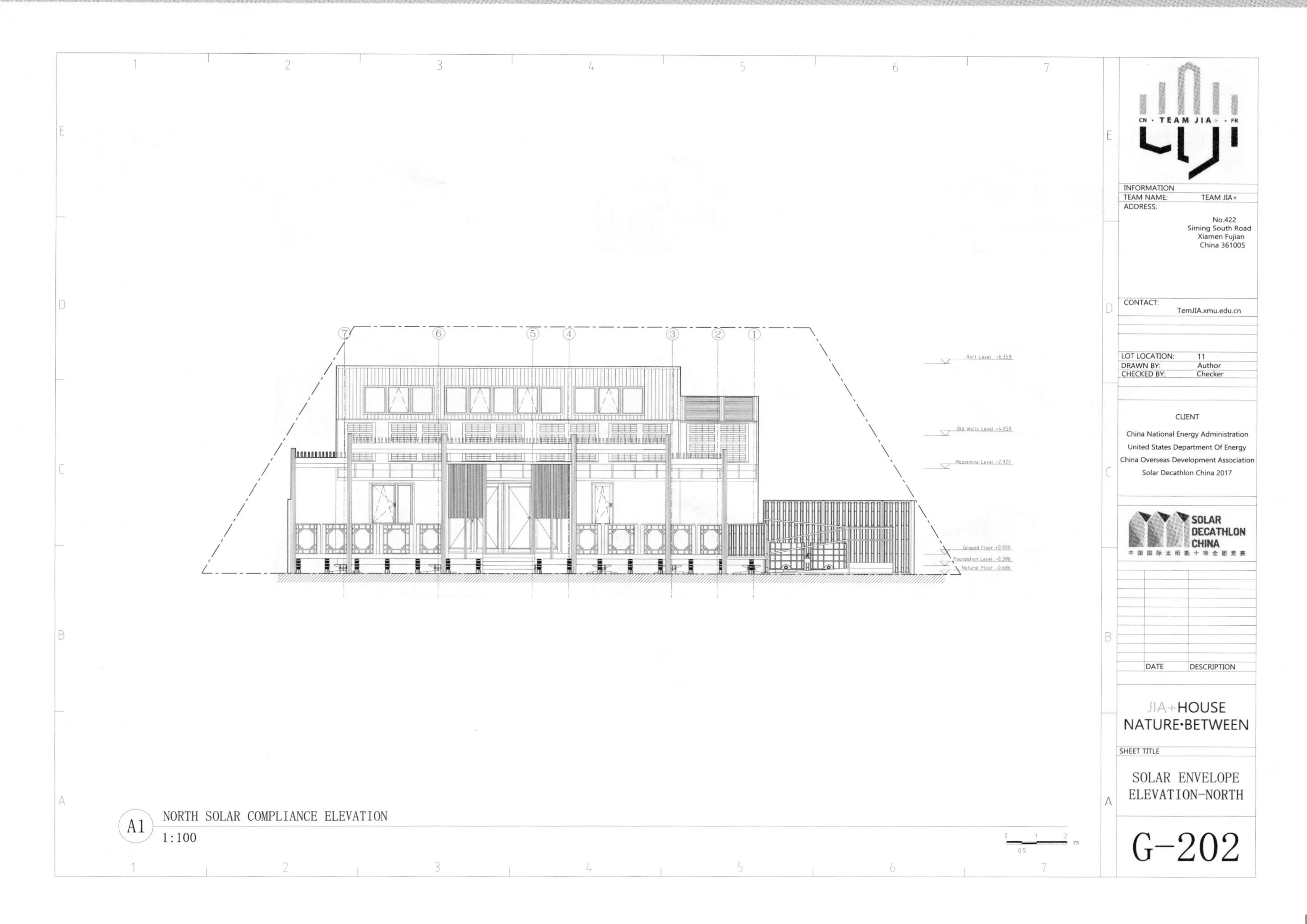
CN · TEAM JIA+ · FR
INFORMATION
TEAM NAME: TEAM JIA+
ADDRESS:
No.422
Siming South Road
Xiamen Fujian
China 361005
CONTACT:
TemJIA.xmu.edu.cn
LOT LOCATION: 11
DRAWN BY: Author
CHECKED BY: Checker
CLIENT
China National Energy Administration
United States Department Of Energy
China Overseas Development Association
Solar Decathlon China 2017
SOLAR DECATHLON CHINA
DATE
DESCRIPTION
JIA+HOUSE
NATURE·BETWEEN
SHEET TITLE
SOLAR ENVELOPE
ELEVATION-NORTH
G-202
A1
NORTH SOLAR COMPLIANCE ELEVATION
1:100

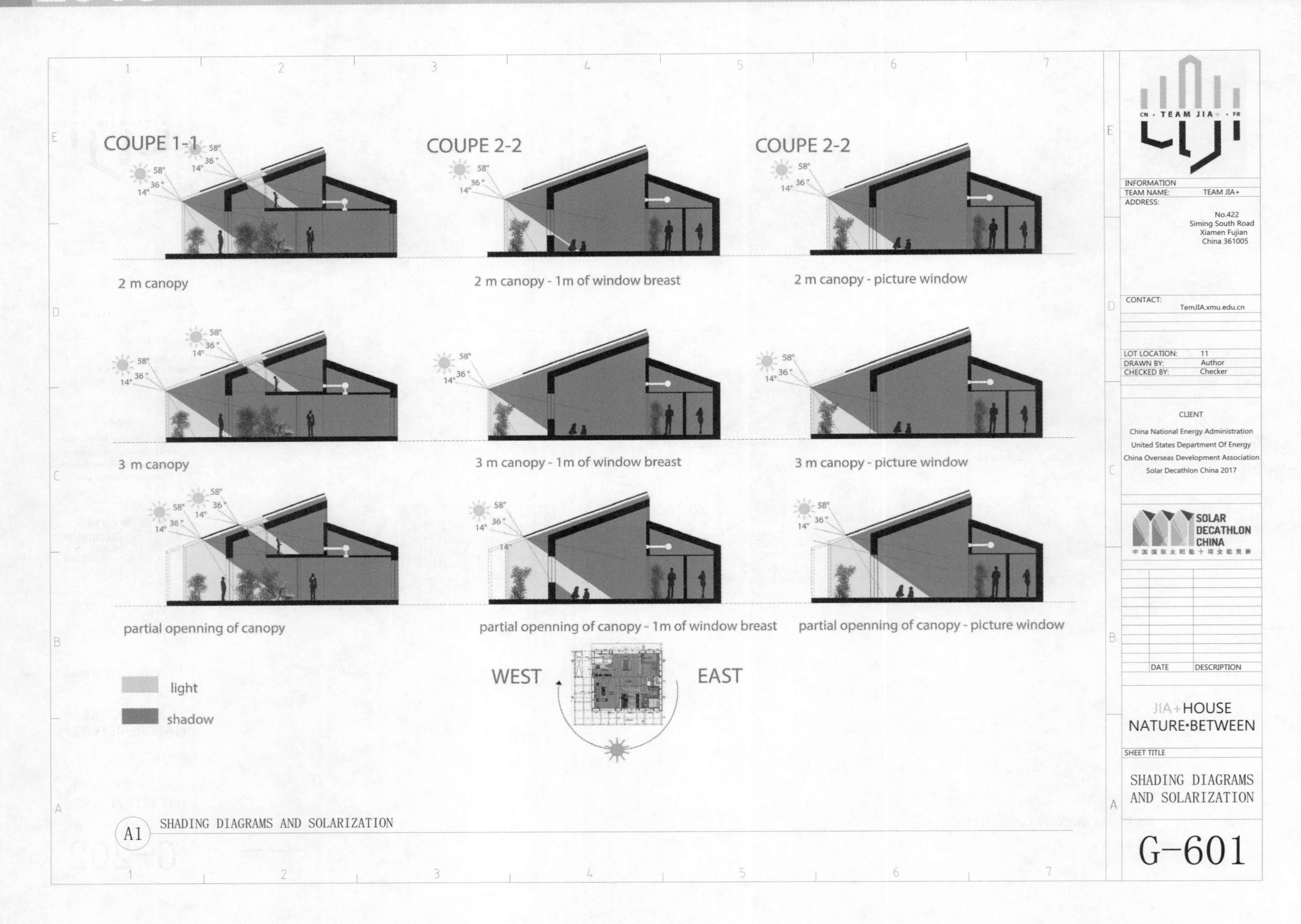
COUPE 1-1
COUPE 2-2
COUPE 2-2
58°
36°
14°
2 m canopy
2 m canopy - 1m of window breast
2 m canopy - picture window
3 m canopy
3 m canopy - 1m of window breast
3 m canopy - picture window
partial openning of canopy
partial openning of canopy - 1m of window breast
partial openning of canopy - picture window
WEST
EAST
light
shadow
A1 SHADING DIAGRAMS AND SOLARIZATION
CN · TEAM JIA+ · FR
INFORMATION
TEAM NAME: TEAM JIA+
ADDRESS:
No.422
Siming South Road
Xiamen Fujian
China 361005
CONTACT:
TemJIA.xmu.edu.cn
LOT LOCATION: 11
DRAWN BY: Author
CHECKED BY: Checker
CLIENT
China National Energy Administration
United States Department Of Energy
China Overseas Development Association
Solar Decathlon China 2017
SOLAR DECATHLON CHINA
中国国际太阳能十项全能竞赛
DATE
DESCRIPTION
JIA+HOUSE
NATURE·BETWEEN
SHEET TITLE
SHADING DIAGRAMS AND SOLARIZATION
G-601

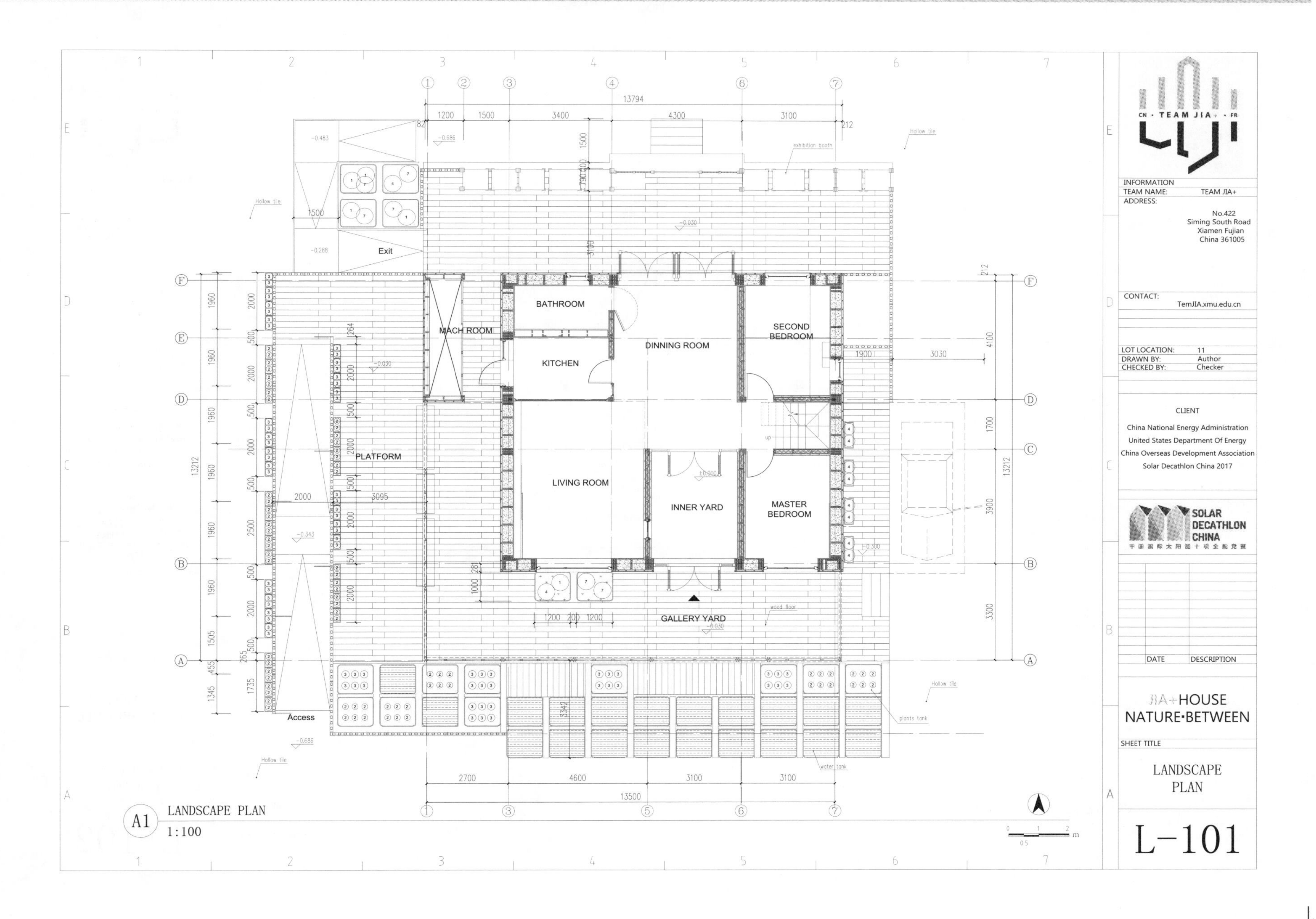

BATHROOM
MACH ROOM
KITCHEN
DINNING ROOM
SECOND BEDROOM
PLATFORM
LIVING ROOM
INNER YARD
MASTER BEDROOM
GALLERY YARD
Exit
Access
INFORMATION
TEAM NAME: TEAM JIA+
ADDRESS: No.422 Siming South Road Xiamen Fujian China 361005
CONTACT: TemJIA.xmu.edu.cn
LOT LOCATION: 11
DRAWN BY: Author
CHECKED BY: Checker
CLIENT
China National Energy Administration
United States Department Of Energy
China Overseas Development Association
Solar Decathlon China 2017
SOLAR DECATHLON CHINA
DATE
DESCRIPTION
JIA+HOUSE
NATURE·BETWEEN
SHEET TITLE
LANDSCAPE PLAN
L-101
A1 LANDSCAPE PLAN 1:100

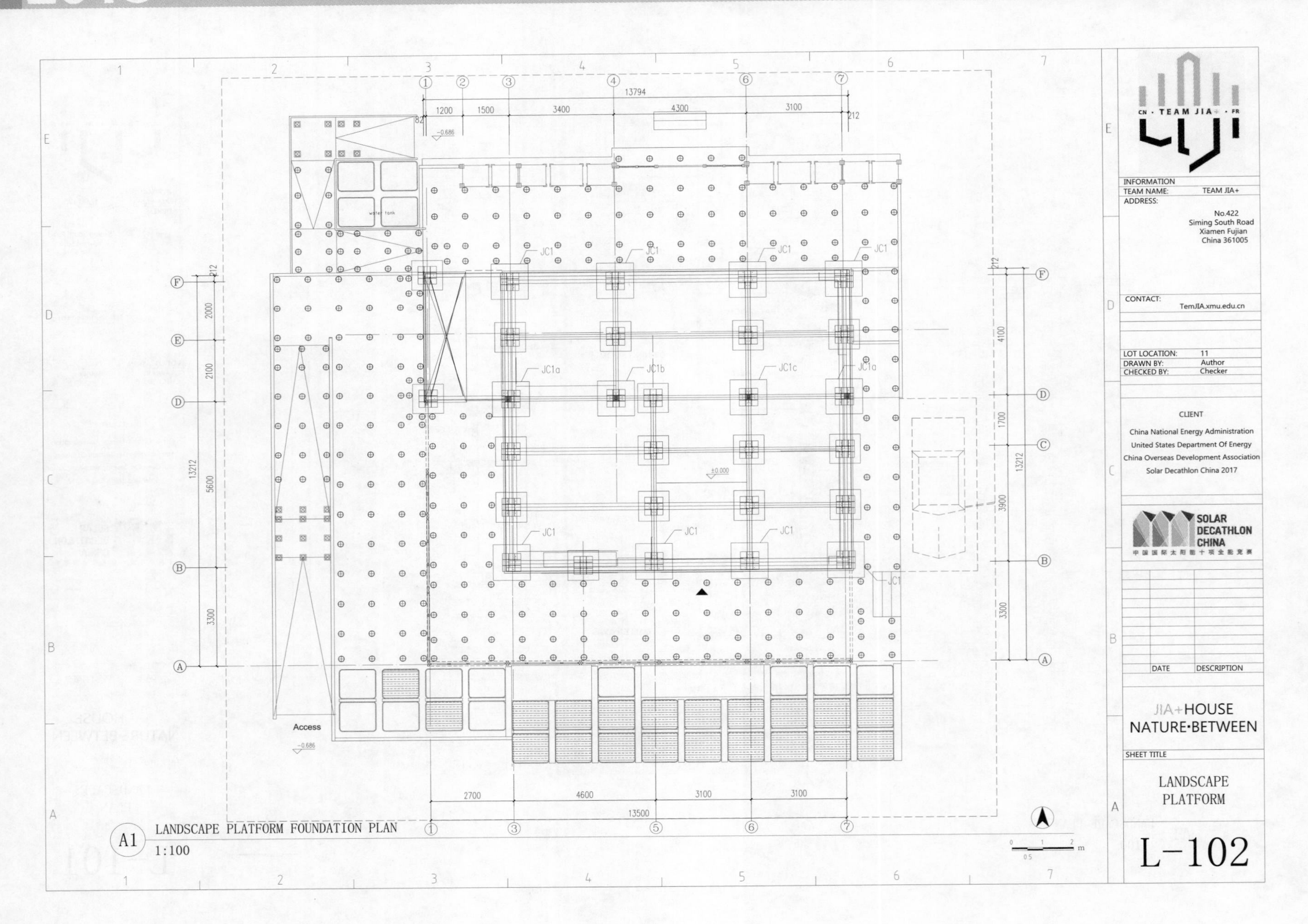
LANDSCAPE PLATFORM FOUNDATION PLAN
1:100
A1
Access
water tank
JC1
JC1a
JC1b
JC1c
13794
1200
1500
3400
4300
3100
13500
2700
4600
13212
INFORMATION
TEAM NAME: TEAM JIA+
ADDRESS:
No.422
Siming South Road
Xiamen Fujian
China 361005
CONTACT:
TemJIA.xmu.edu.cn
LOT LOCATION: 11
DRAWN BY: Author
CHECKED BY: Checker
CLIENT
China National Energy Administration
United States Department Of Energy
China Overseas Development Association
Solar Decathlon China 2017
SOLAR DECATHLON CHINA
DATE
DESCRIPTION
JIA+HOUSE
NATURE·BETWEEN
SHEET TITLE
LANDSCAPE PLATFORM
L-102

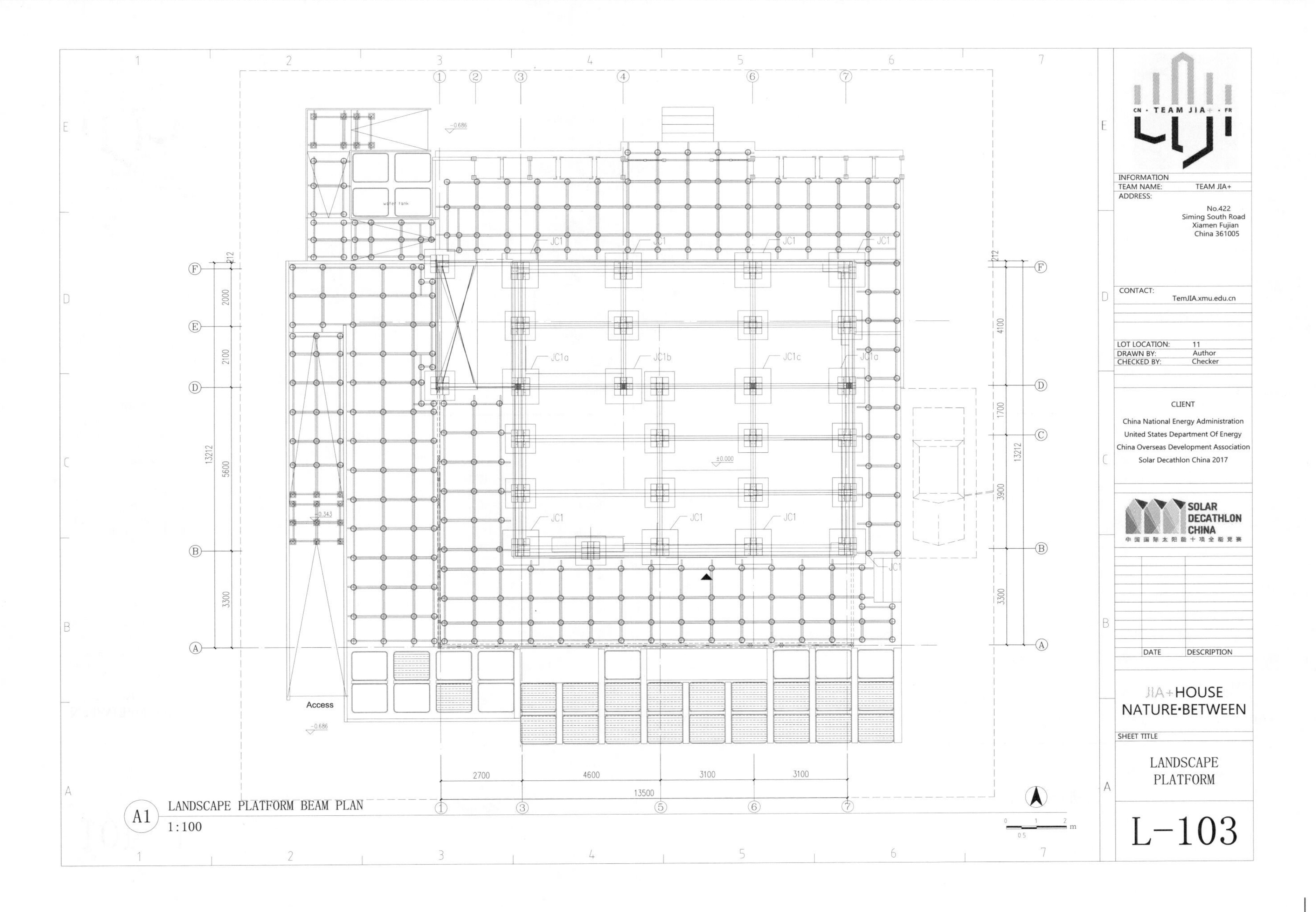
CN · TEAM JIA+ · FR
INFORMATION
TEAM NAME: TEAM JIA+
ADDRESS: No.422 Siming South Road Xiamen Fujian China 361005
CONTACT: TemJIA.xmu.edu.cn
LOT LOCATION: 11
DRAWN BY: Author
CHECKED BY: Checker
CLIENT
China National Energy Administration
United States Department Of Energy
China Overseas Development Association
Solar Decathlon China 2017
SOLAR DECATHLON CHINA
DATE
DESCRIPTION
JIA+HOUSE
NATURE·BETWEEN
SHEET TITLE
LANDSCAPE PLATFORM
L-103
A1 LANDSCAPE PLATFORM BEAM PLAN
1:100
Access
water tank
JC1
JC1a
JC1b
JC1c
2700
4600
3100
3100
13500
2000
2100
5600
3300
13212
4100
1700
3900
±0.000
-0.686

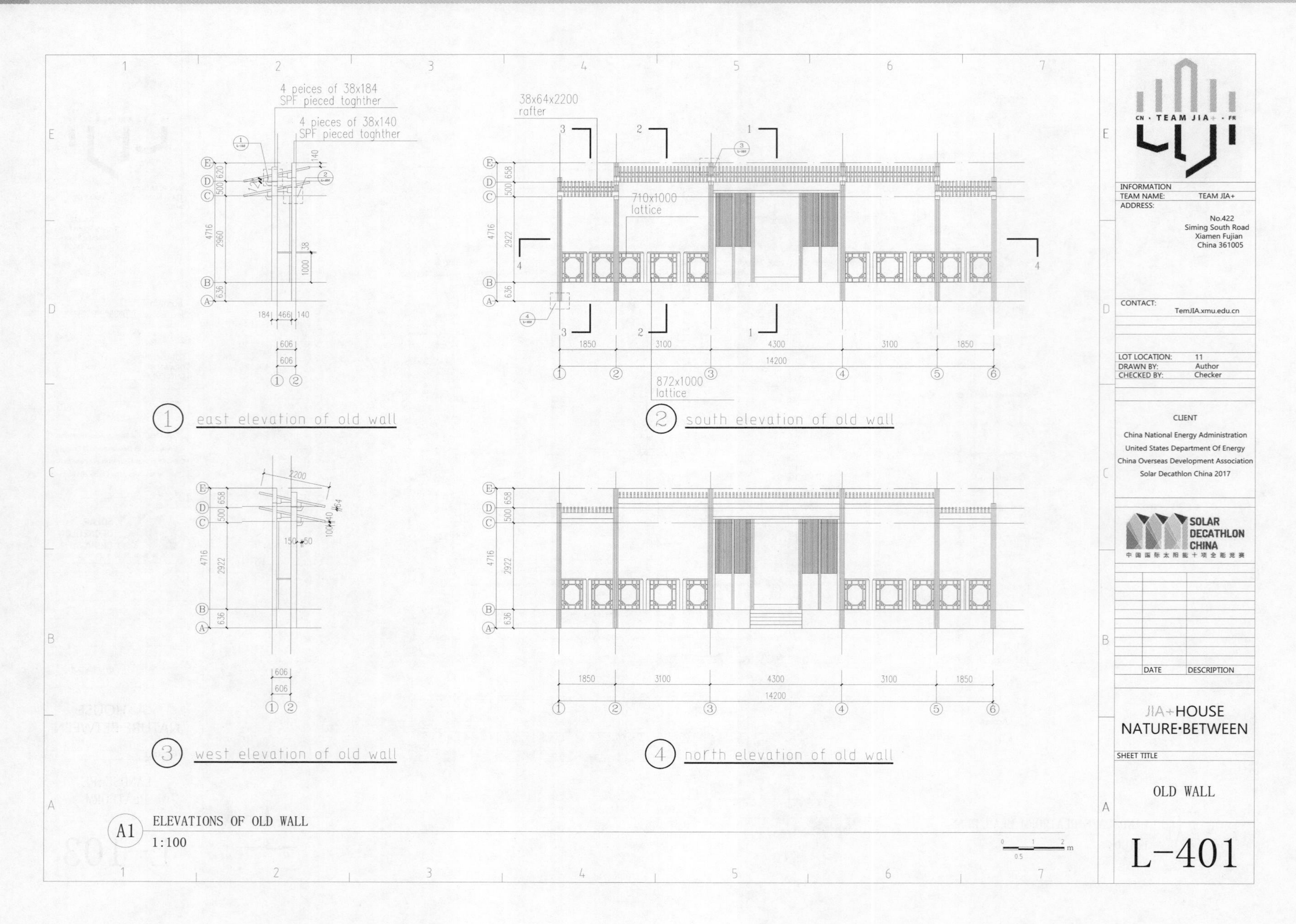

4 peices of 38x184
SPF pieced toghter
4 pieces of 38x140
SPF pieced toghter
38x64x2200
rafter
710x1000
lattice
872x1000
lattice
1850
3100
4300
3100
1850
14200
① east elevation of old wall
② south elevation of old wall
③ west elevation of old wall
④ north elevation of old wall
A1 ELEVATIONS OF OLD WALL
1:100
INFORMATION
TEAM NAME: TEAM JIA+
ADDRESS:
No.422
Siming South Road
Xiamen Fujian
China 361005
CONTACT:
TemJIA.xmu.edu.cn
LOT LOCATION: 11
DRAWN BY: Author
CHECKED BY: Checker
CLIENT
China National Energy Administration
United States Department Of Energy
China Overseas Development Association
Solar Decathlon China 2017
SOLAR
DECATHLON
CHINA
DATE
DESCRIPTION
JIA+HOUSE
NATURE·BETWEEN
SHEET TITLE
OLD WALL
L-401

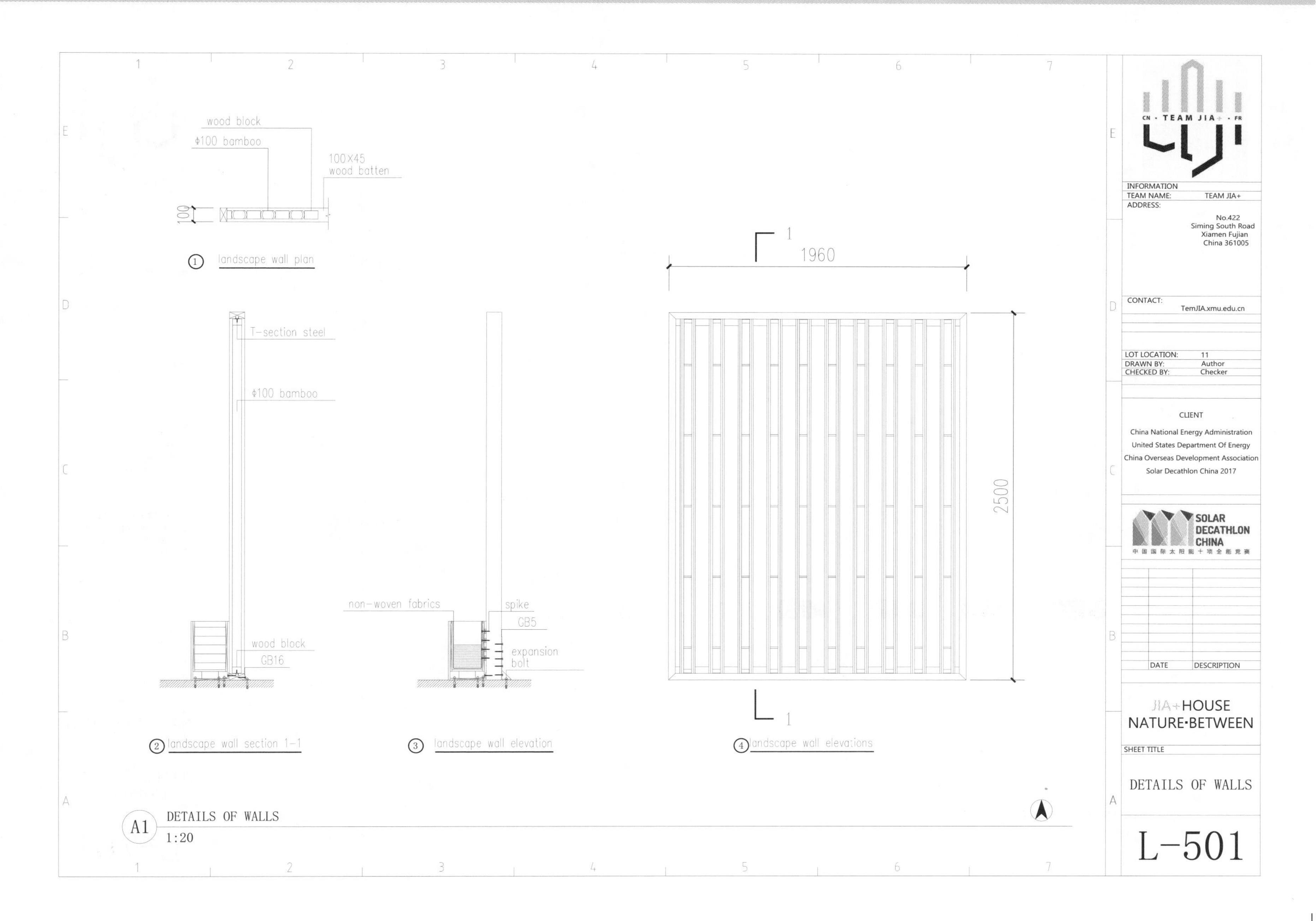
wood block
Φ100 bamboo
100X45
wood batten
100
① landscape wall plan
T-section steel
Φ100 bamboo
wood block
GB16
② landscape wall section 1-1
non-woven fabrics
spike
GB5
expansion
bolt
③ landscape wall elevation
1960
2500
④ landscape wall elevations
A1 DETAILS OF WALLS
1:20
CN · TEAM JIA+ · FR
INFORMATION
TEAM NAME: TEAM JIA+
ADDRESS:
No.422
Siming South Road
Xiamen Fujian
China 361005
CONTACT:
TemJIA.xmu.edu.cn
LOT LOCATION: 11
DRAWN BY: Author
CHECKED BY: Checker
CLIENT
China National Energy Administration
United States Department Of Energy
China Overseas Development Association
Solar Decathlon China 2017
SOLAR
DECATHLON
CHINA
DATE
DESCRIPTION
JIA+HOUSE
NATURE·BETWEEN
SHEET TITLE
DETAILS OF WALLS
L-501

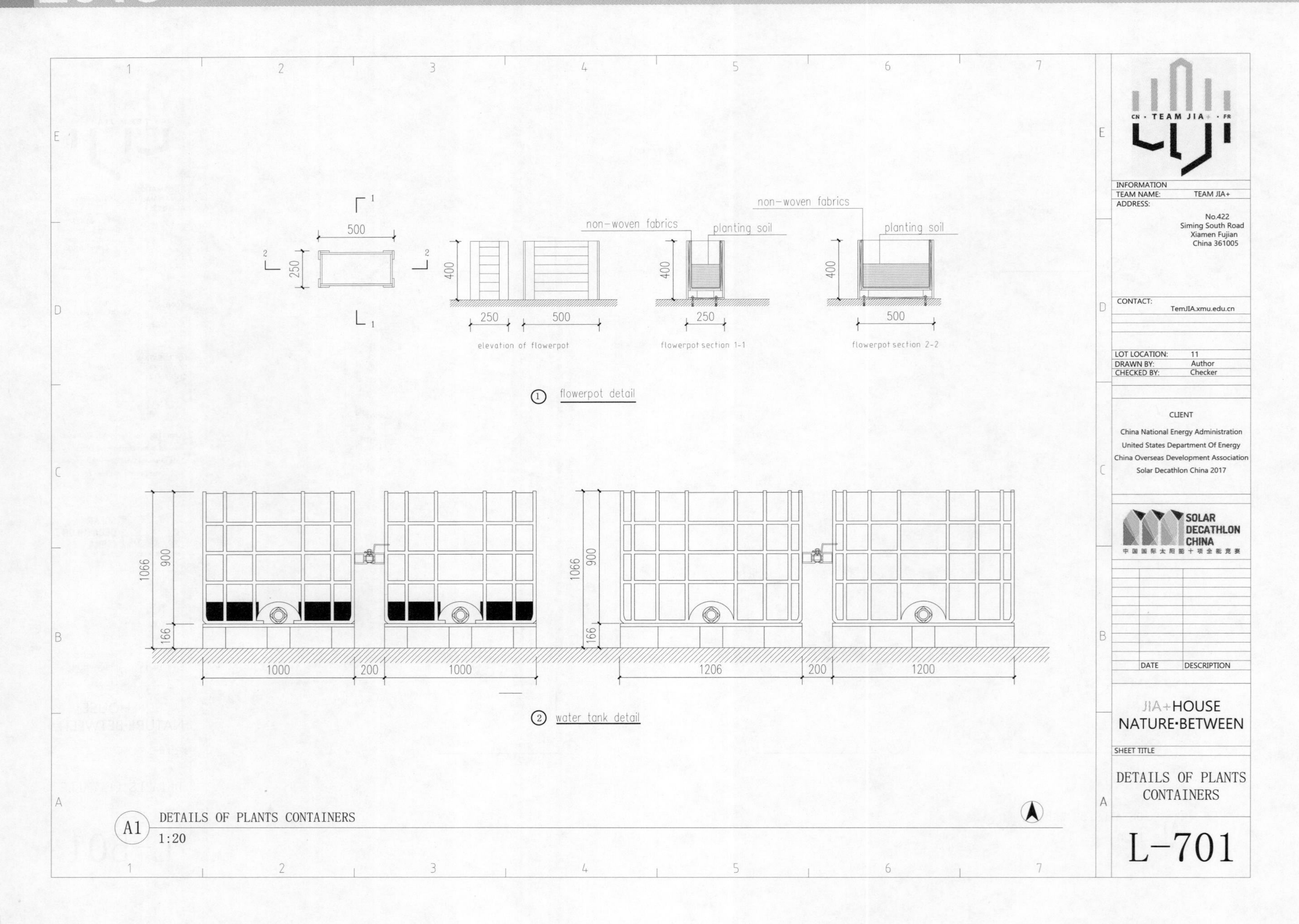
non-woven fabrics
planting soil
elevation of flowerpot
flowerpot section 1-1
flowerpot section 2-2
flowerpot detail
water tank detail
DETAILS OF PLANTS CONTAINERS
1:20
INFORMATION
TEAM NAME: TEAM JIA+
ADDRESS:
No.422
Siming South Road
Xiamen Fujian
China 361005
CONTACT:
TemJIA.xmu.edu.cn
LOT LOCATION: 11
DRAWN BY: Author
CHECKED BY: Checker
CLIENT
China National Energy Administration
United States Department Of Energy
China Overseas Development Association
Solar Decathlon China 2017
SOLAR DECATHLON CHINA
DATE
DESCRIPTION
JIA+HOUSE
NATURE·BETWEEN
SHEET TITLE
DETAILS OF PLANTS CONTAINERS
L-701

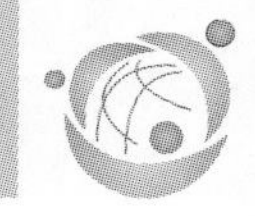

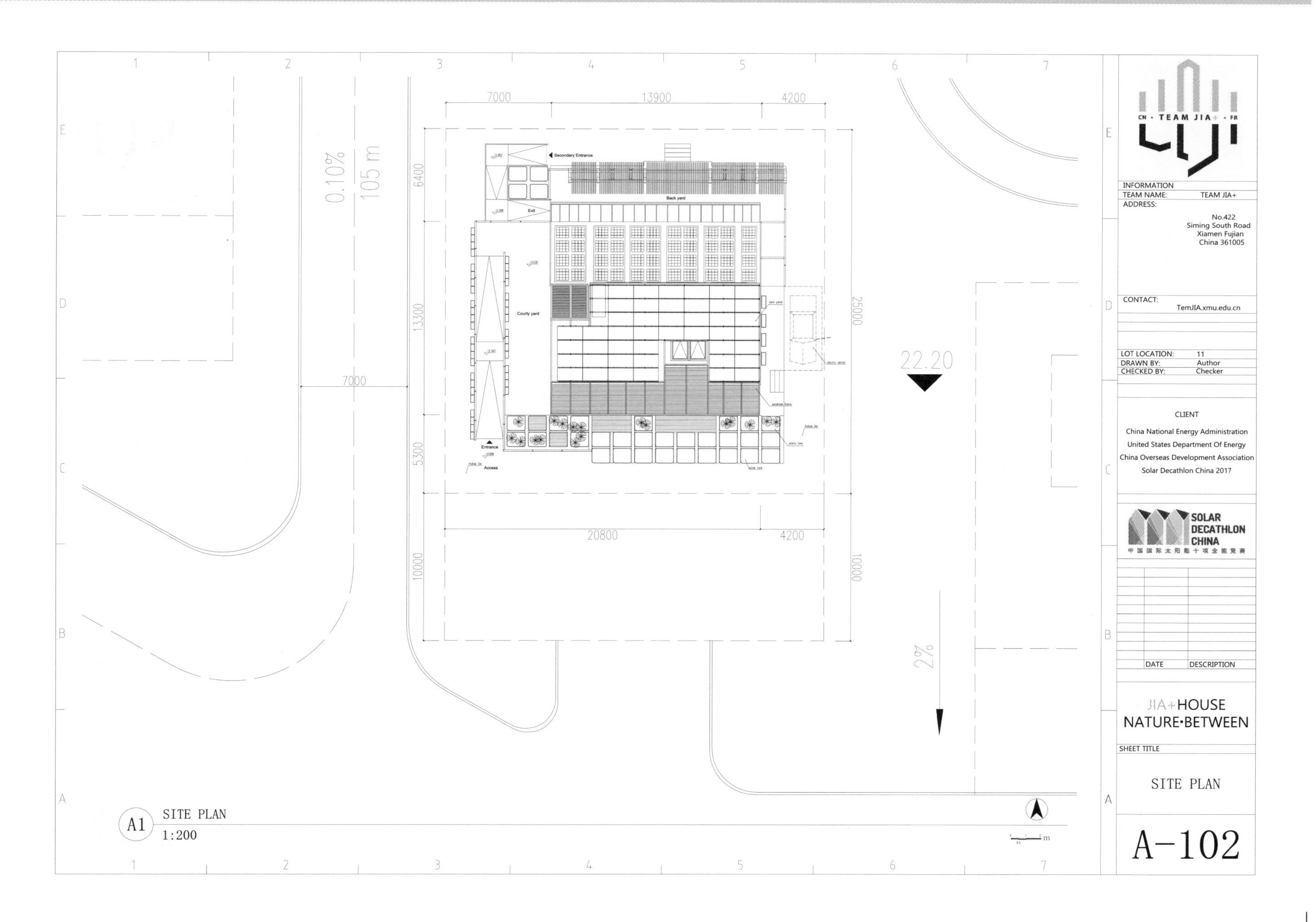
7000
13900
4200
6400
13300
5300
25000
0.10%
105 m
7000
22.20
20800
4200
10000
10000
2%
Secondary Entrance
Back yard
Exit
Courty yard
Entrance
Access
CN · TEAM JIA+ · FR
INFORMATION
TEAM NAME: TEAM JIA+
ADDRESS:
No.422
Siming South Road
Xiamen Fujian
China 361005
CONTACT:
TemJIA.xmu.edu.cn
LOT LOCATION: 11
DRAWN BY: Author
CHECKED BY: Checker
CLIENT
China National Energy Administration
United States Department Of Energy
China Overseas Development Association
Solar Decathlon China 2017
SOLAR DECATHLON CHINA
中国国际太阳能十项全能竞赛
DATE
DESCRIPTION
JIA+HOUSE
NATURE·BETWEEN
SHEET TITLE
SITE PLAN
A-102
A1
SITE PLAN
1:200

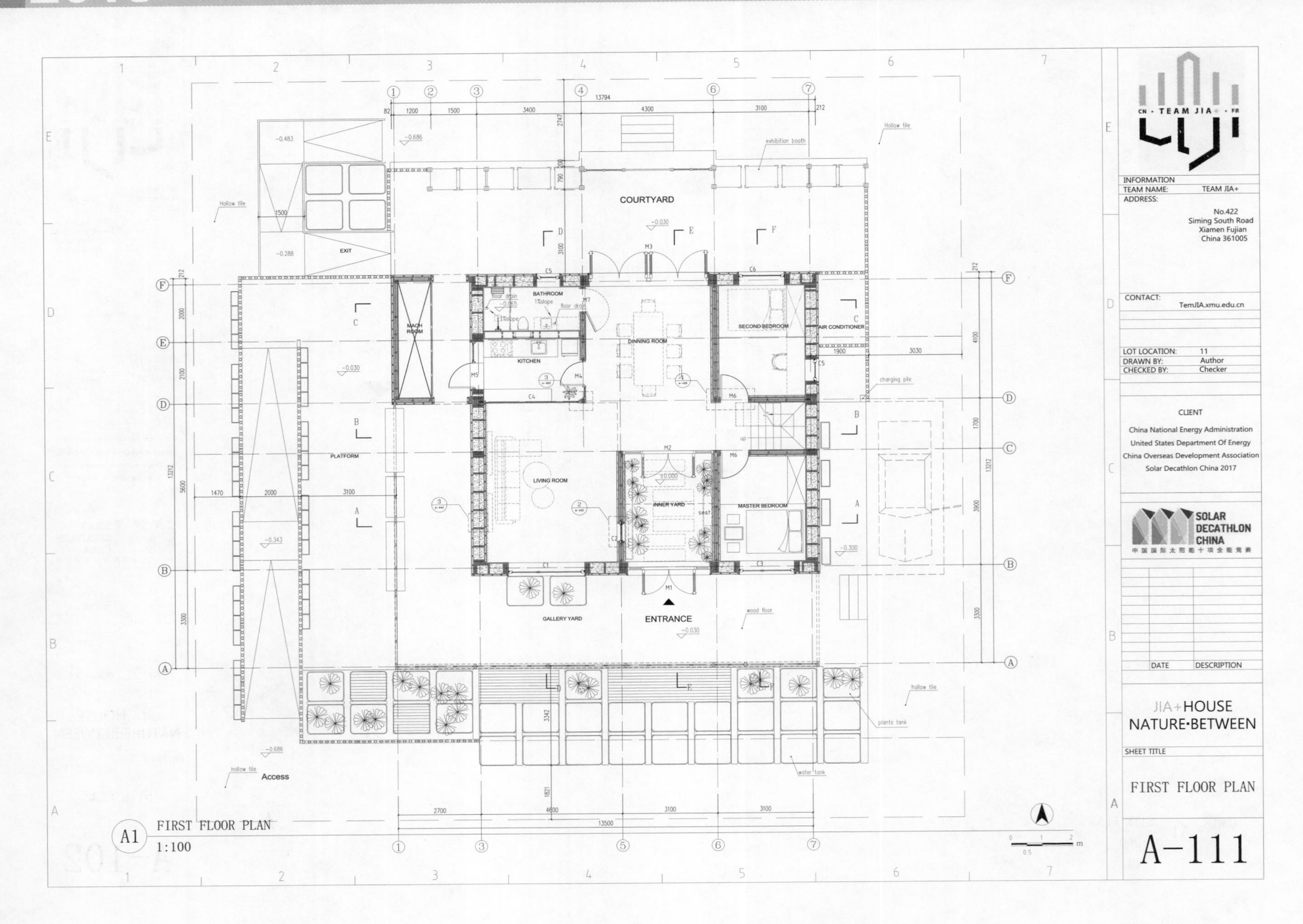
COURTYARD
BATHROOM
KITCHEN
DINNING ROOM
SECOND BEDROOM
AIR CONDITIONER
MACH ROOM
PLATFORM
LIVING ROOM
INNER YARD
MASTER BEDROOM
GALLERY YARD
ENTRANCE
EXIT
Access
A1 FIRST FLOOR PLAN
1:100
INFORMATION
TEAM NAME: TEAM JIA+
ADDRESS:
No.422
Siming South Road
Xiamen Fujian
China 361005
CONTACT:
TemJIA.xmu.edu.cn
LOT LOCATION: 11
DRAWN BY: Author
CHECKED BY: Checker
CLIENT
China National Energy Administration
United States Department Of Energy
China Overseas Development Association
Solar Decathlon China 2017
SOLAR DECATHLON CHINA
DATE
DESCRIPTION
JIA+HOUSE
NATURE·BETWEEN
SHEET TITLE
FIRST FLOOR PLAN
A-111

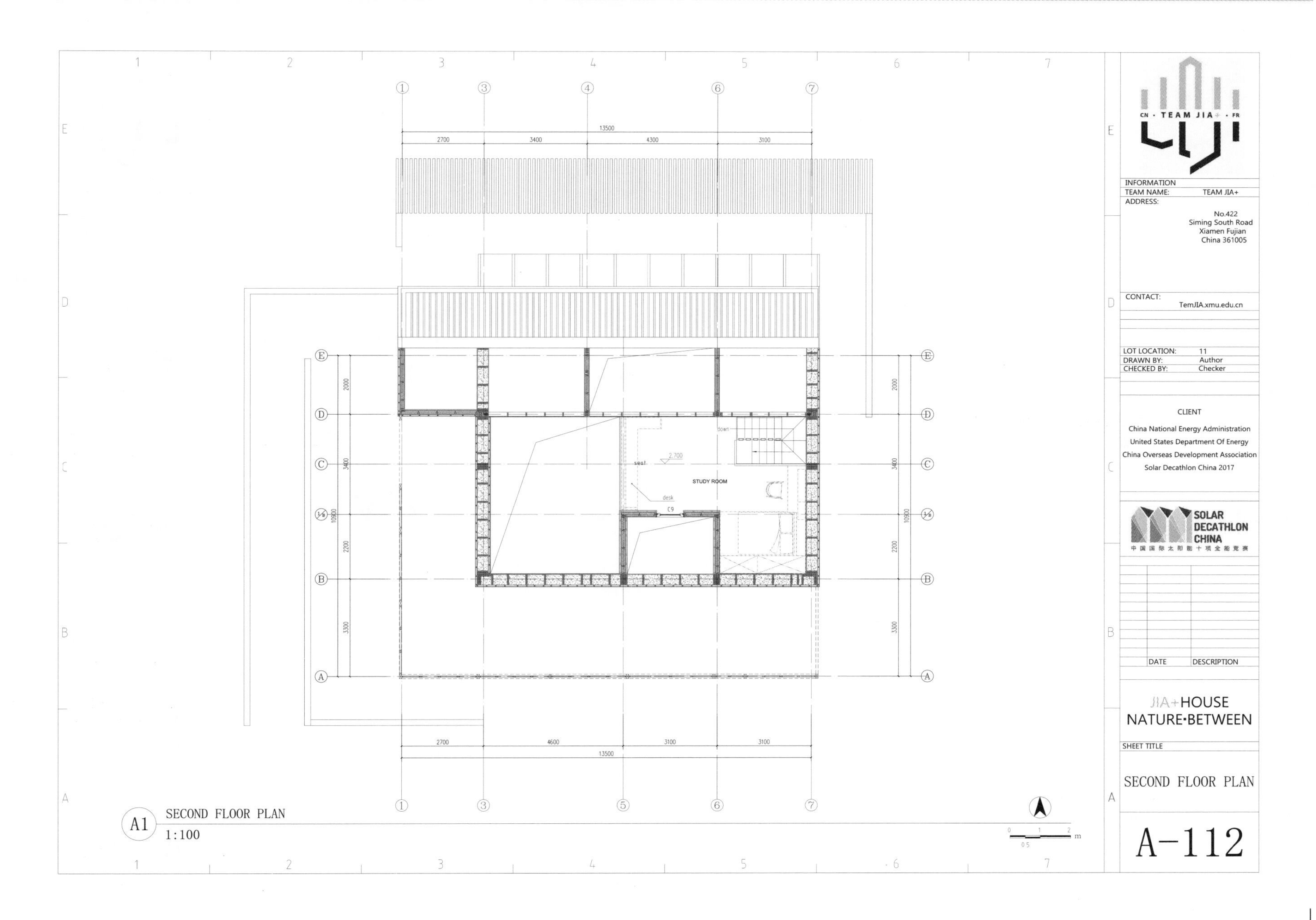

CN · TEAM JIA+ · FR
INFORMATION
TEAM NAME: TEAM JIA+
ADDRESS:
No.422
Siming South Road
Xiamen Fujian
China 361005
CONTACT:
TemJIA.xmu.edu.cn
LOT LOCATION: 11
DRAWN BY: Author
CHECKED BY: Checker
CLIENT
China National Energy Administration
United States Department Of Energy
China Overseas Development Association
Solar Decathlon China 2017
SOLAR DECATHLON CHINA
DATE
DESCRIPTION
JIA+HOUSE
NATURE·BETWEEN
SHEET TITLE
SECOND FLOOR PLAN
A-112
STUDY ROOM
A1
SECOND FLOOR PLAN
1:100
13500
2700
3400
4300
3100
4600

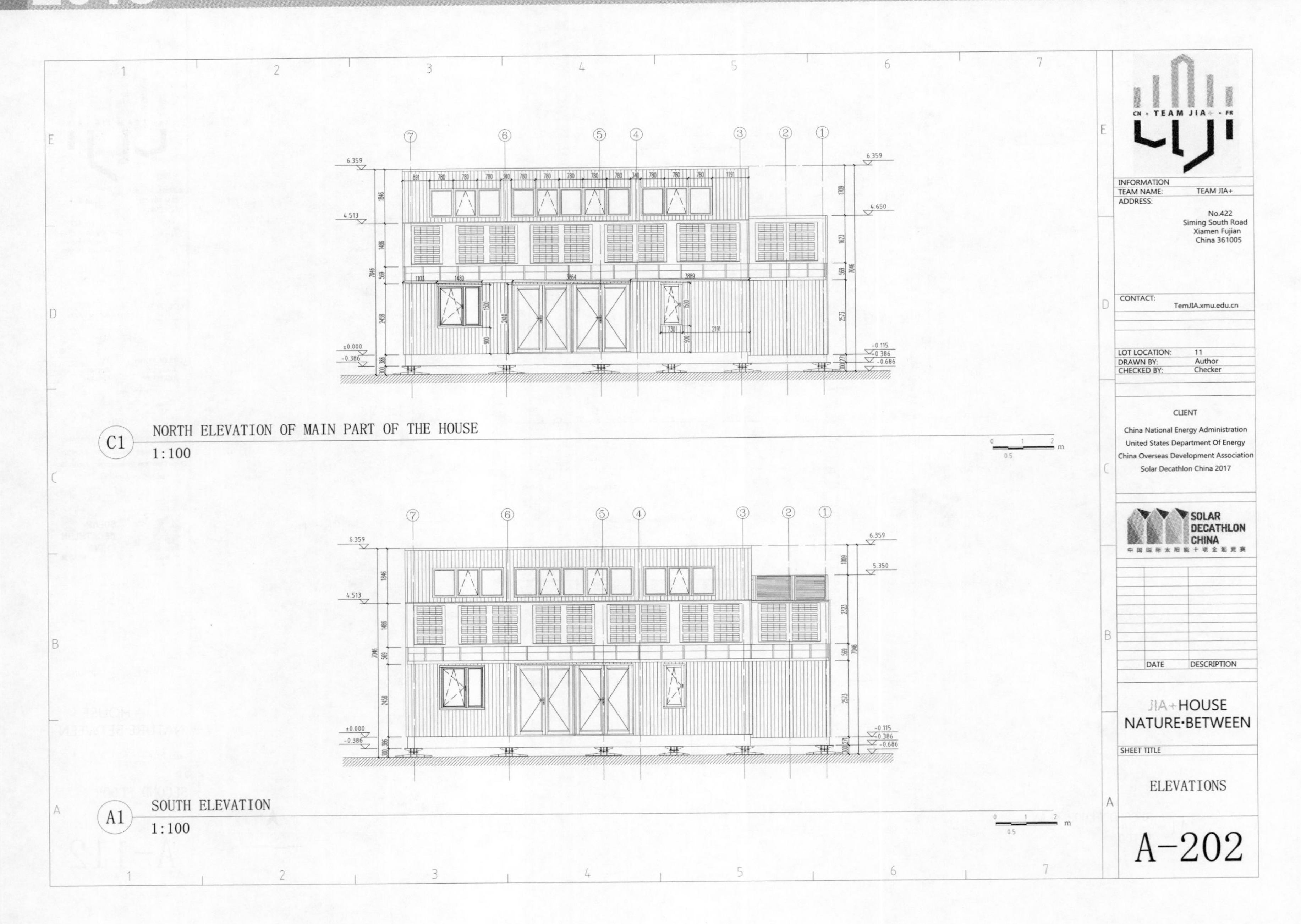
NORTH ELEVATION OF MAIN PART OF THE HOUSE
C1
1:100
SOUTH ELEVATION
A1
1:100
INFORMATION
TEAM NAME: TEAM JIA+
ADDRESS:
No.422
Siming South Road
Xiamen Fujian
China 361005
CONTACT:
TemJIA.xmu.edu.cn
LOT LOCATION: 11
DRAWN BY: Author
CHECKED BY: Checker
CLIENT
China National Energy Administration
United States Department Of Energy
China Overseas Development Association
Solar Decathlon China 2017
SOLAR DECATHLON CHINA
DATE
DESCRIPTION
JIA+HOUSE
NATURE·BETWEEN
SHEET TITLE
ELEVATIONS
A-202

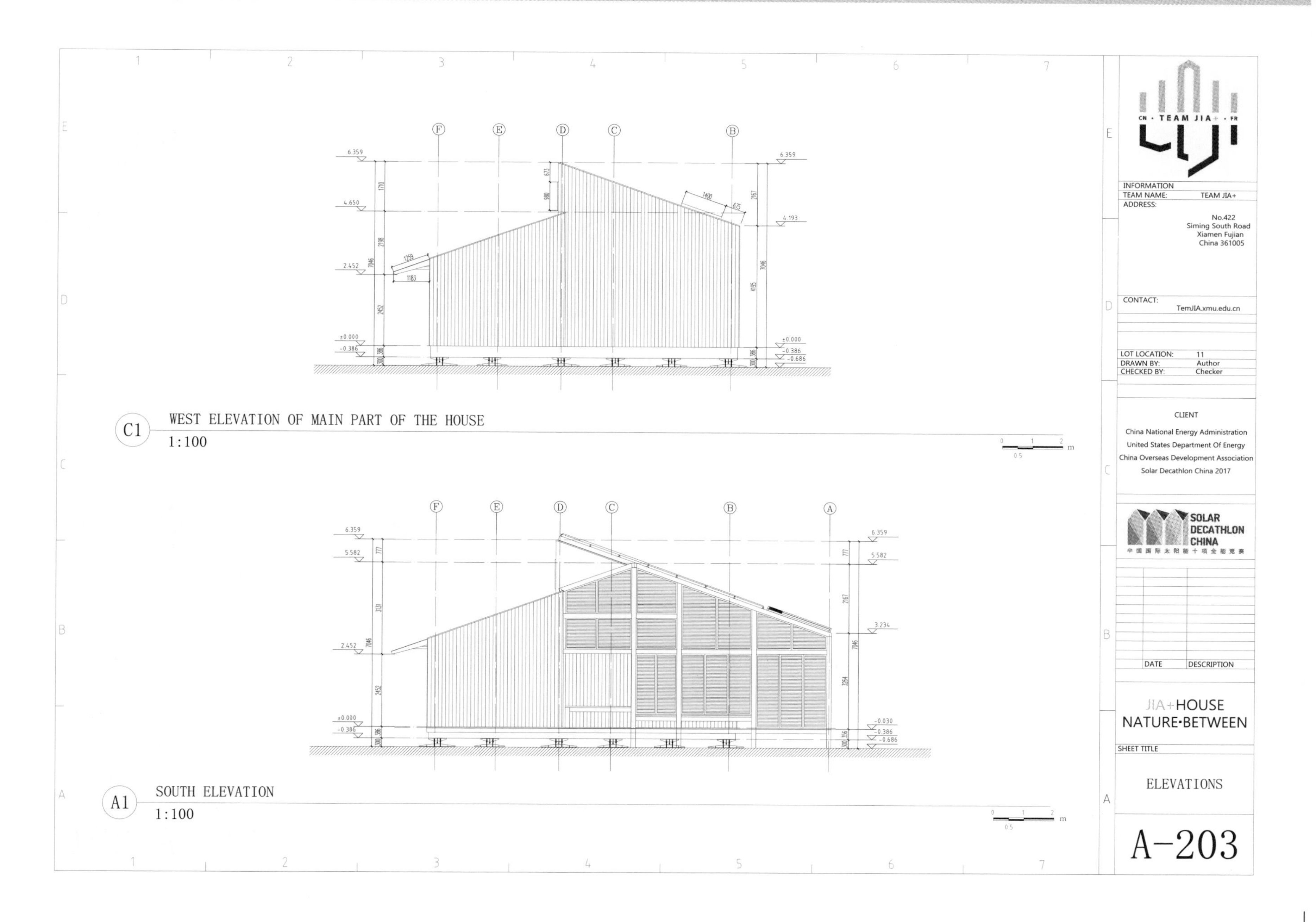
WEST ELEVATION OF MAIN PART OF THE HOUSE
C1
1:100
SOUTH ELEVATION
A1
1:100
CN · TEAM JIA+ · FR
INFORMATION
TEAM NAME: TEAM JIA+
ADDRESS:
No.422
Siming South Road
Xiamen Fujian
China 361005
CONTACT:
TemJIA.xmu.edu.cn
LOT LOCATION: 11
DRAWN BY: Author
CHECKED BY: Checker
CLIENT
China National Energy Administration
United States Department Of Energy
China Overseas Development Association
Solar Decathlon China 2017
SOLAR DECATHLON CHINA
DATE
DESCRIPTION
JIA+HOUSE
NATURE·BETWEEN
SHEET TITLE
ELEVATIONS
A-203

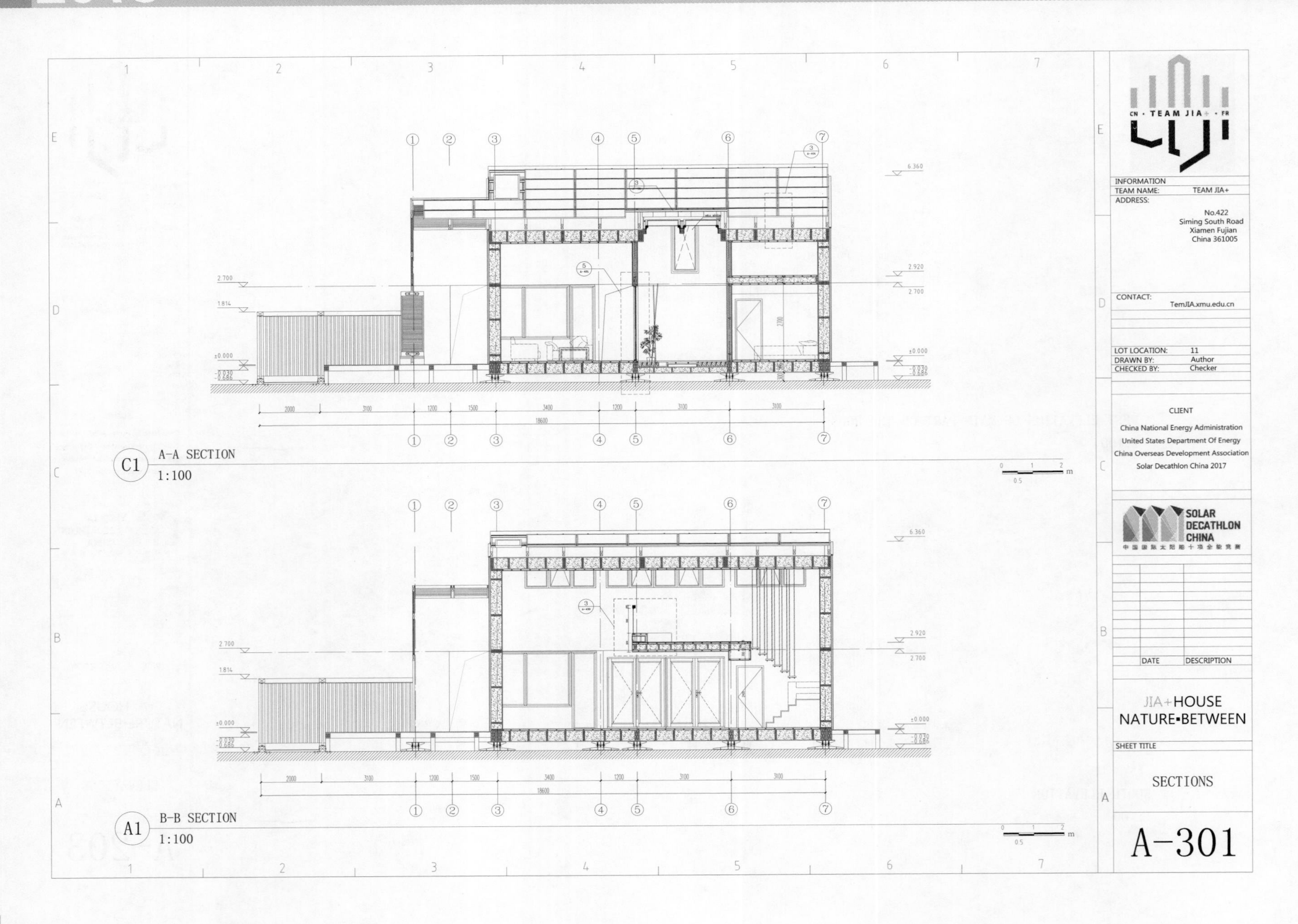
A-A SECTION
1:100
B-B SECTION
1:100
INFORMATION
TEAM NAME: TEAM JIA+
ADDRESS:
No.422
Siming South Road
Xiamen Fujian
China 361005
CONTACT: TemJIA.xmu.edu.cn
LOT LOCATION: 11
DRAWN BY: Author
CHECKED BY: Checker
CLIENT
China National Energy Administration
United States Department Of Energy
China Overseas Development Association
Solar Decathlon China 2017
SOLAR DECATHLON CHINA
DATE
DESCRIPTION
JIA+HOUSE
NATURE•BETWEEN
SHEET TITLE
SECTIONS
A-301

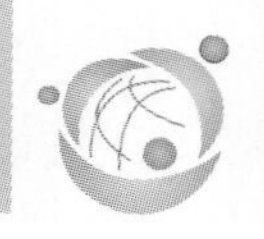

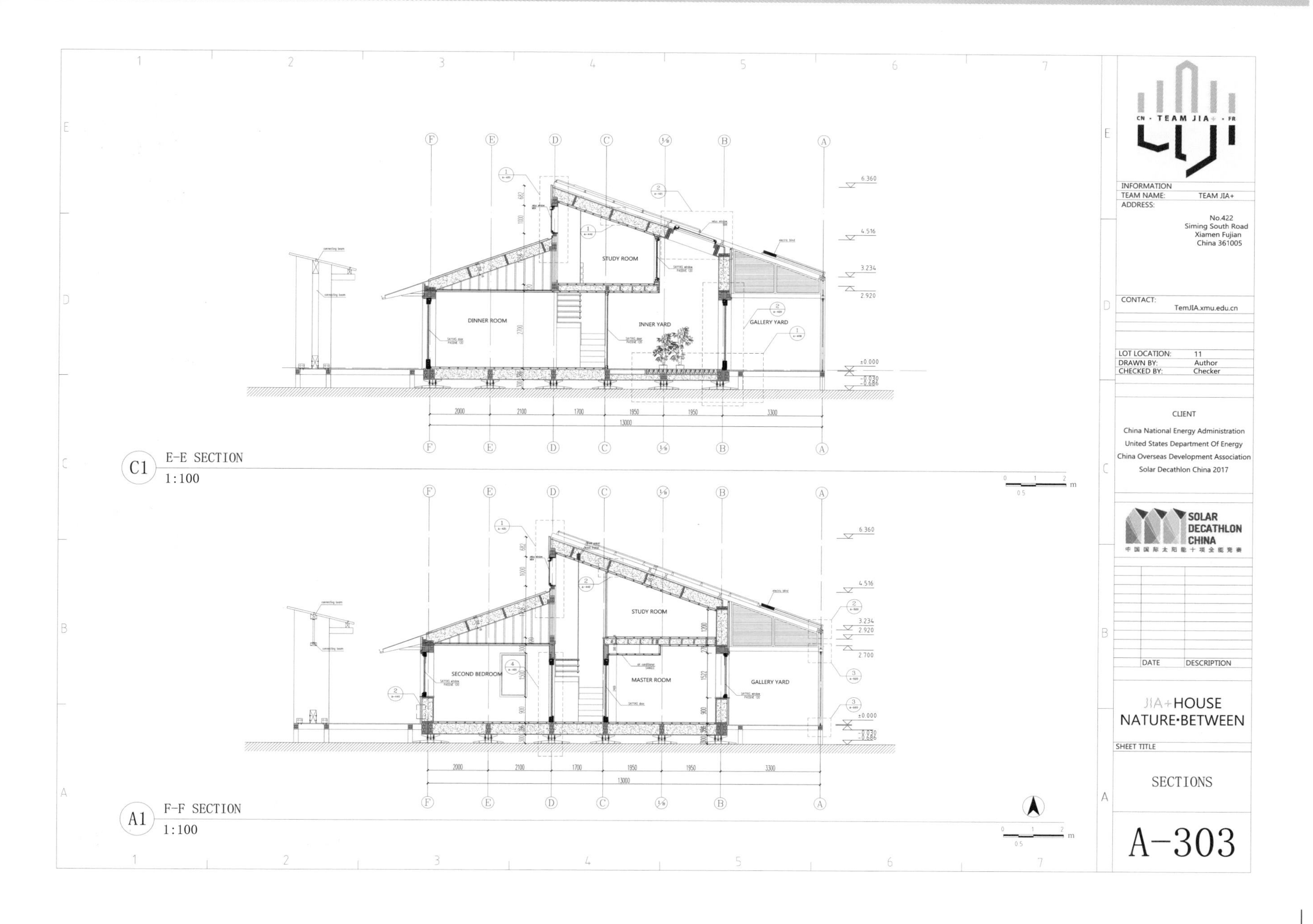
E-E SECTION
1:100
F-F SECTION
1:100
STUDY ROOM
DINNER ROOM
INNER YARD
GALLERY YARD
SECOND BEDROOM
MASTER ROOM
6.360
4.516
3.234
2.920
2.700
±0.000
2000
2100
1700
1950
1950
3300
13000
INFORMATION
TEAM NAME: TEAM JIA+
ADDRESS:
No.422
Siming South Road
Xiamen Fujian
China 361005
CONTACT:
TemJIA.xmu.edu.cn
LOT LOCATION: 11
DRAWN BY: Author
CHECKED BY: Checker
CLIENT
China National Energy Administration
United States Department Of Energy
China Overseas Development Association
Solar Decathlon China 2017
SOLAR DECATHLON CHINA
DATE
DESCRIPTION
JIA+HOUSE
NATURE•BETWEEN
SHEET TITLE
SECTIONS
A-303

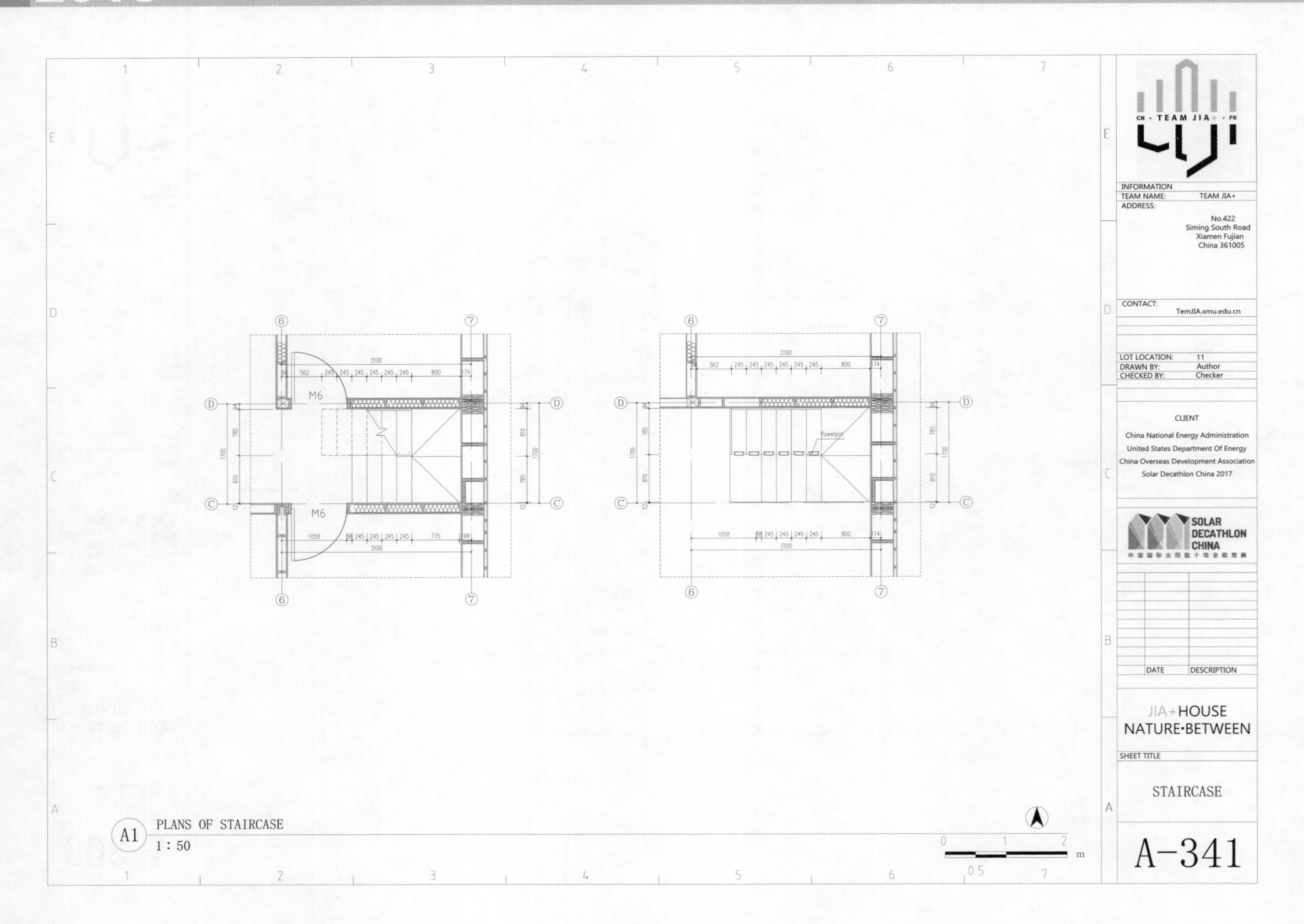
CN · TEAM JIA+ · FR
INFORMATION
TEAM NAME: TEAM JIA+
ADDRESS:
No.422
Siming South Road
Xiamen Fujian
China 361005
CONTACT:
TemJIA.xmu.edu.cn
LOT LOCATION: 11
DRAWN BY: Author
CHECKED BY: Checker
CLIENT
China National Energy Administration
United States Department Of Energy
China Overseas Development Association
Solar Decathlon China 2017
SOLAR DECATHLON CHINA
DATE
DESCRIPTION
JIA+HOUSE
NATURE·BETWEEN
SHEET TITLE
STAIRCASE
A-341
A1
PLANS OF STAIRCASE
1 : 50
M6
3100
1058
800
775
Flowerpot

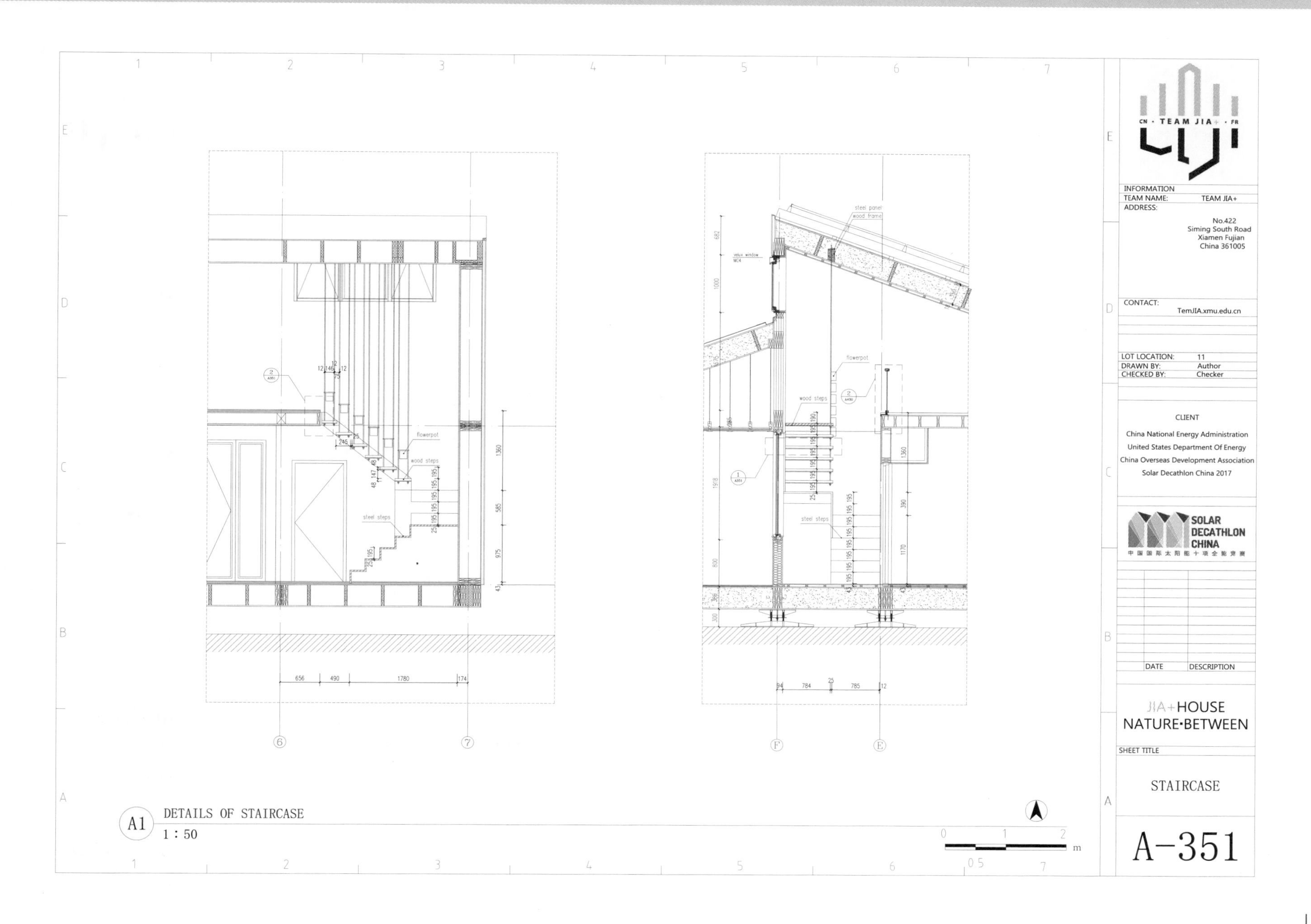

CN · TEAM JIA+ · FR
INFORMATION
TEAM NAME: TEAM JIA+
ADDRESS:
No.422
Siming South Road
Xiamen Fujian
China 361005
CONTACT:
TemJIA.xmu.edu.cn
LOT LOCATION: 11
DRAWN BY: Author
CHECKED BY: Checker
CLIENT
China National Energy Administration
United States Department Of Energy
China Overseas Development Association
Solar Decathlon China 2017
SOLAR DECATHLON CHINA
DATE
DESCRIPTION
JIA+HOUSE
NATURE·BETWEEN
SHEET TITLE
STAIRCASE
A-351
A1
DETAILS OF STAIRCASE
1 : 50
steel panel
wood frame
flowerpot
wood steps
steel steps

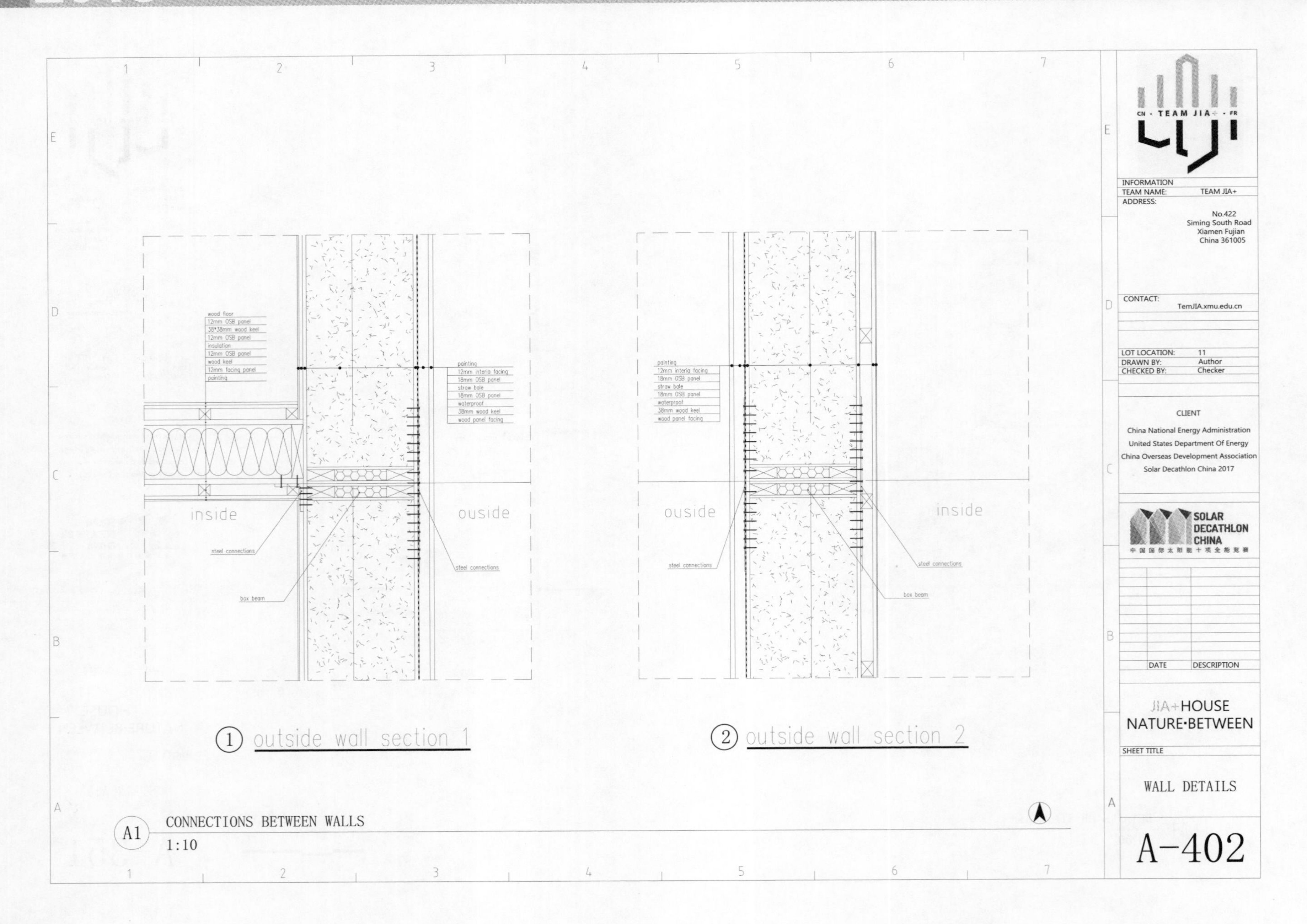
wood floor
12mm OSB panel
38*38mm wood keel
12mm OSB panel
insulation
12mm OSB panel
wood keel
12mm facing panel
painting
painting
12mm interia facing
18mm OSB panel
straw bale
18mm OSB panel
waterproof
38mm wood keel
wood panel facing
inside
ouside
steel connections
box beam
steel connections
1 outside wall section 1
painting
12mm interia facing
18mm OSB panel
straw bale
18mm OSB panel
waterproof
38mm wood keel
wood panel facing
ouside
inside
steel connections
steel connections
box beam
2 outside wall section 2
A1 CONNECTIONS BETWEEN WALLS
1:10
CN · TEAM JIA+ · FR
INFORMATION
TEAM NAME: TEAM JIA+
ADDRESS:
No.422
Siming South Road
Xiamen Fujian
China 361005
CONTACT:
TemJIA.xmu.edu.cn
LOT LOCATION: 11
DRAWN BY: Author
CHECKED BY: Checker
CLIENT
China National Energy Administration
United States Department Of Energy
China Overseas Development Association
Solar Decathlon China 2017
SOLAR DECATHLON CHINA
中国国际太阳能十项全能竞赛
DATE
DESCRIPTION
JIA+HOUSE
NATURE·BETWEEN
SHEET TITLE
WALL DETAILS
A-402

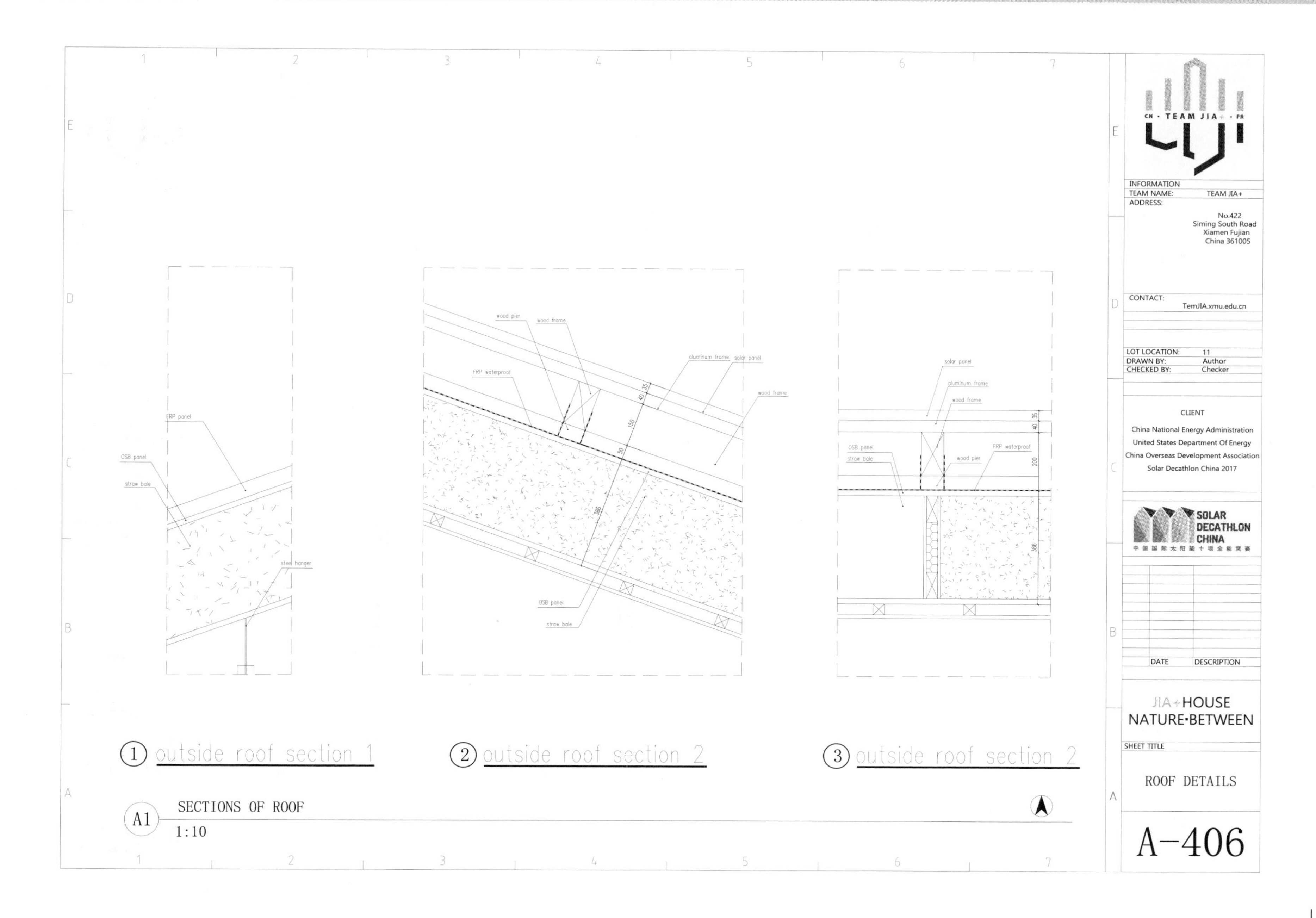

wood pier
wood frame
aluminum frame
solar panel
FRP waterproof
FRP panel
OSB panel
straw bale
steel hanger
wood pier
1 outside roof section 1
2 outside roof section 2
3 outside roof section 2
A1 SECTIONS OF ROOF
1:10
CN · TEAM JIA+ · FR
INFORMATION
TEAM NAME: TEAM JIA+
ADDRESS:
No.422
Siming South Road
Xiamen Fujian
China 361005
CONTACT:
TemJIA.xmu.edu.cn
LOT LOCATION: 11
DRAWN BY: Author
CHECKED BY: Checker
CLIENT
China National Energy Administration
United States Department Of Energy
China Overseas Development Association
Solar Decathlon China 2017
SOLAR DECATHLON CHINA
中国国际太阳能十项全能竞赛
DATE
DESCRIPTION
JIA+HOUSE
NATURE·BETWEEN
SHEET TITLE
ROOF DETAILS
A-406

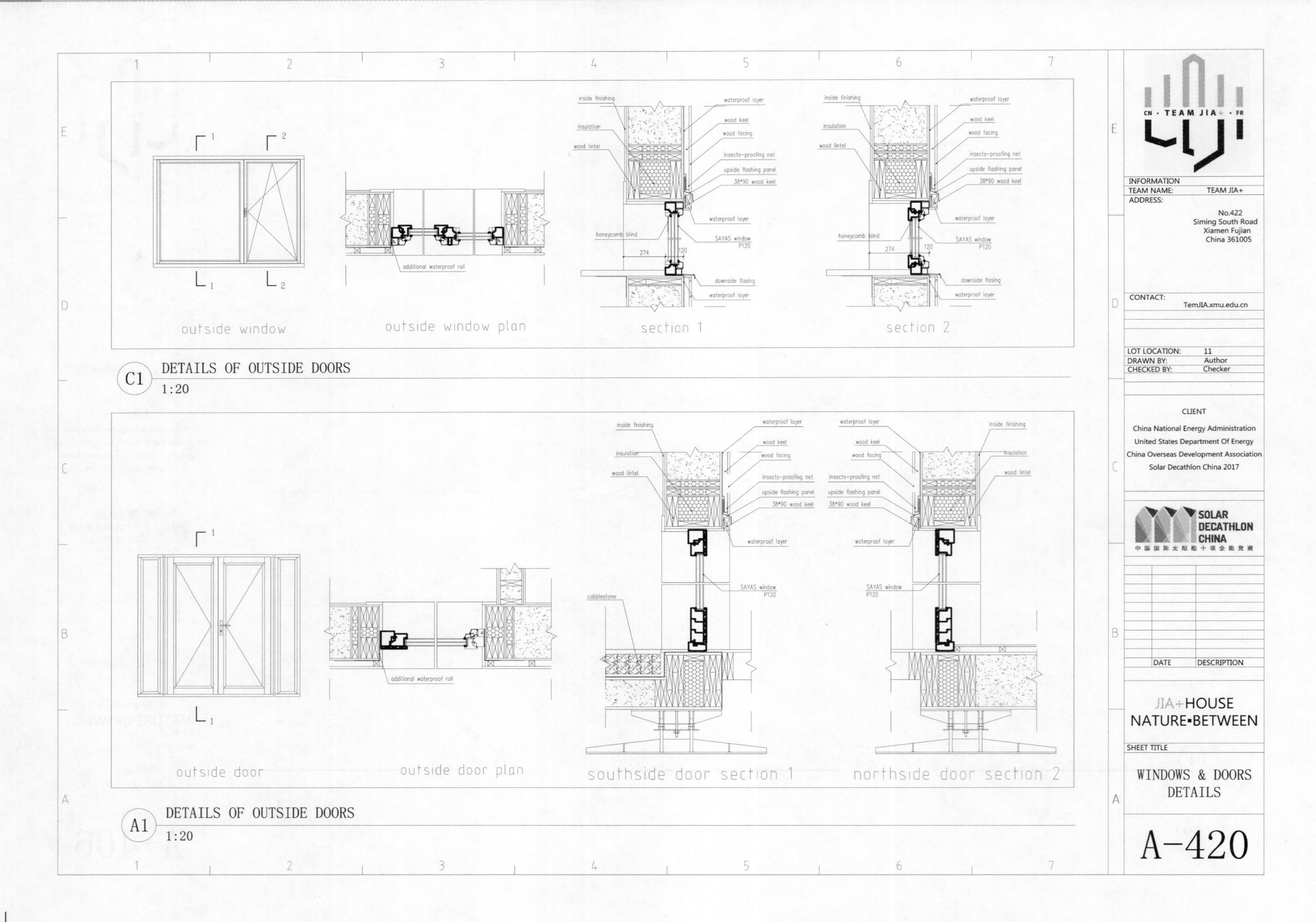
outside window
outside window plan
section 1
section 2
C1 DETAILS OF OUTSIDE DOORS
1:20
outside door
outside door plan
southside door section 1
northside door section 2
A1 DETAILS OF OUTSIDE DOORS
1:20
INFORMATION
TEAM NAME: TEAM JIA+
ADDRESS:
No.422
Siming South Road
Xiamen Fujian
China 361005
CONTACT:
TemJIA.xmu.edu.cn
LOT LOCATION: 11
DRAWN BY: Author
CHECKED BY: Checker
CLIENT
China National Energy Administration
United States Department Of Energy
China Overseas Development Association
Solar Decathlon China 2017
SOLAR DECATHLON CHINA
DATE
DESCRIPTION
JIA+HOUSE
NATURE▪BETWEEN
SHEET TITLE
WINDOWS & DOORS DETAILS
A-420

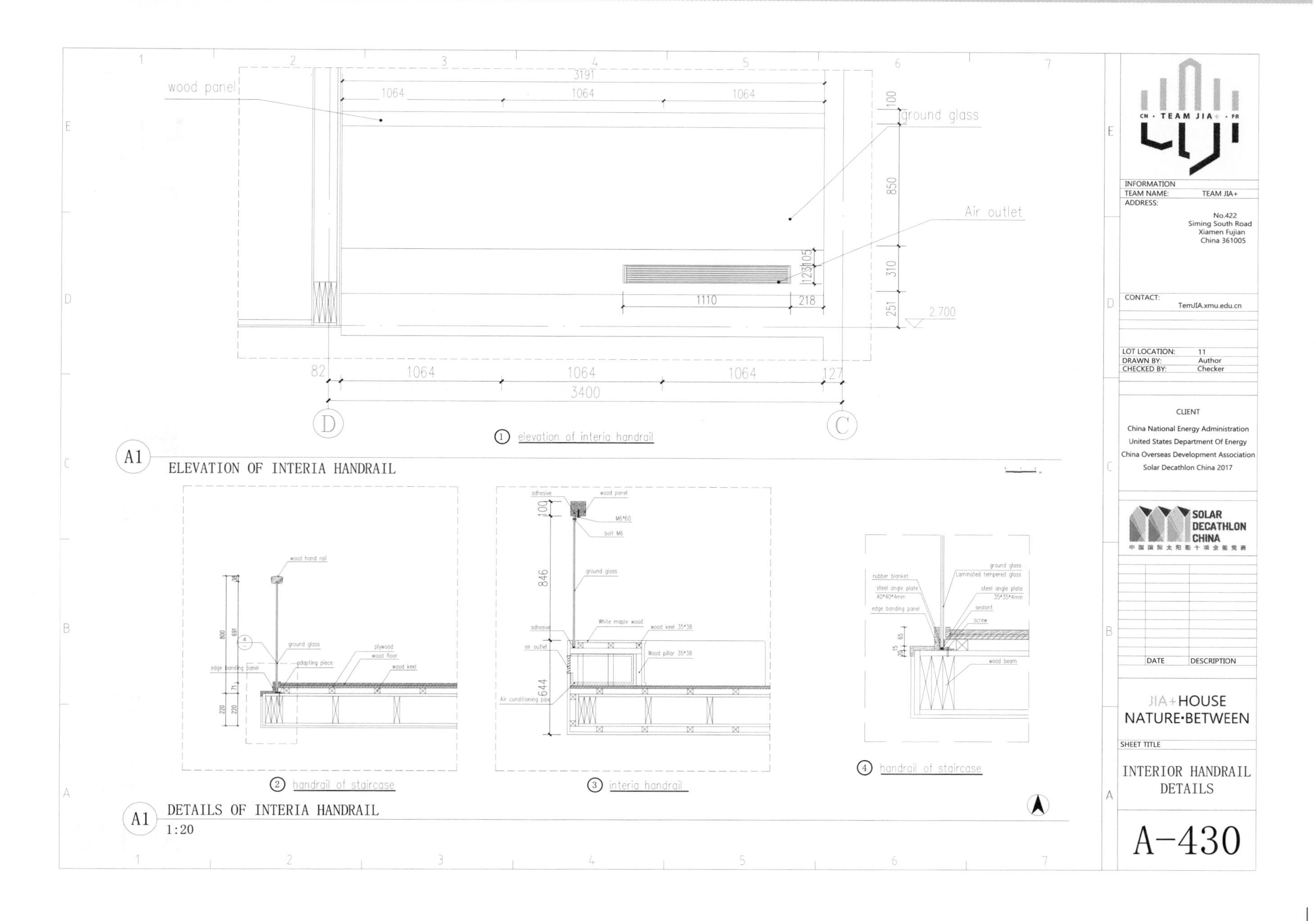

wood panel
3191
1064
1064
1064
100
ground glass
850
Air outlet
310
251
123
105
1110
218
2.700
82
1064
1064
1064
127
3400
D
C
1 elevation of interia handrail
A1
ELEVATION OF INTERIA HANDRAIL
2 handrail of staircase
3 interia handrail
4 handrail of staircase
A1
DETAILS OF INTERIA HANDRAIL
1:20
INFORMATION
TEAM NAME: TEAM JIA+
ADDRESS:
No.422
Siming South Road
Xiamen Fujian
China 361005
CONTACT:
TemJIA.xmu.edu.cn
LOT LOCATION: 11
DRAWN BY: Author
CHECKED BY: Checker
CLIENT
China National Energy Administration
United States Department Of Energy
China Overseas Development Association
Solar Decathlon China 2017
SOLAR
DECATHLON
CHINA
DATE
DESCRIPTION
JIA+HOUSE
NATURE·BETWEEN
SHEET TITLE
INTERIOR HANDRAIL
DETAILS
A-430

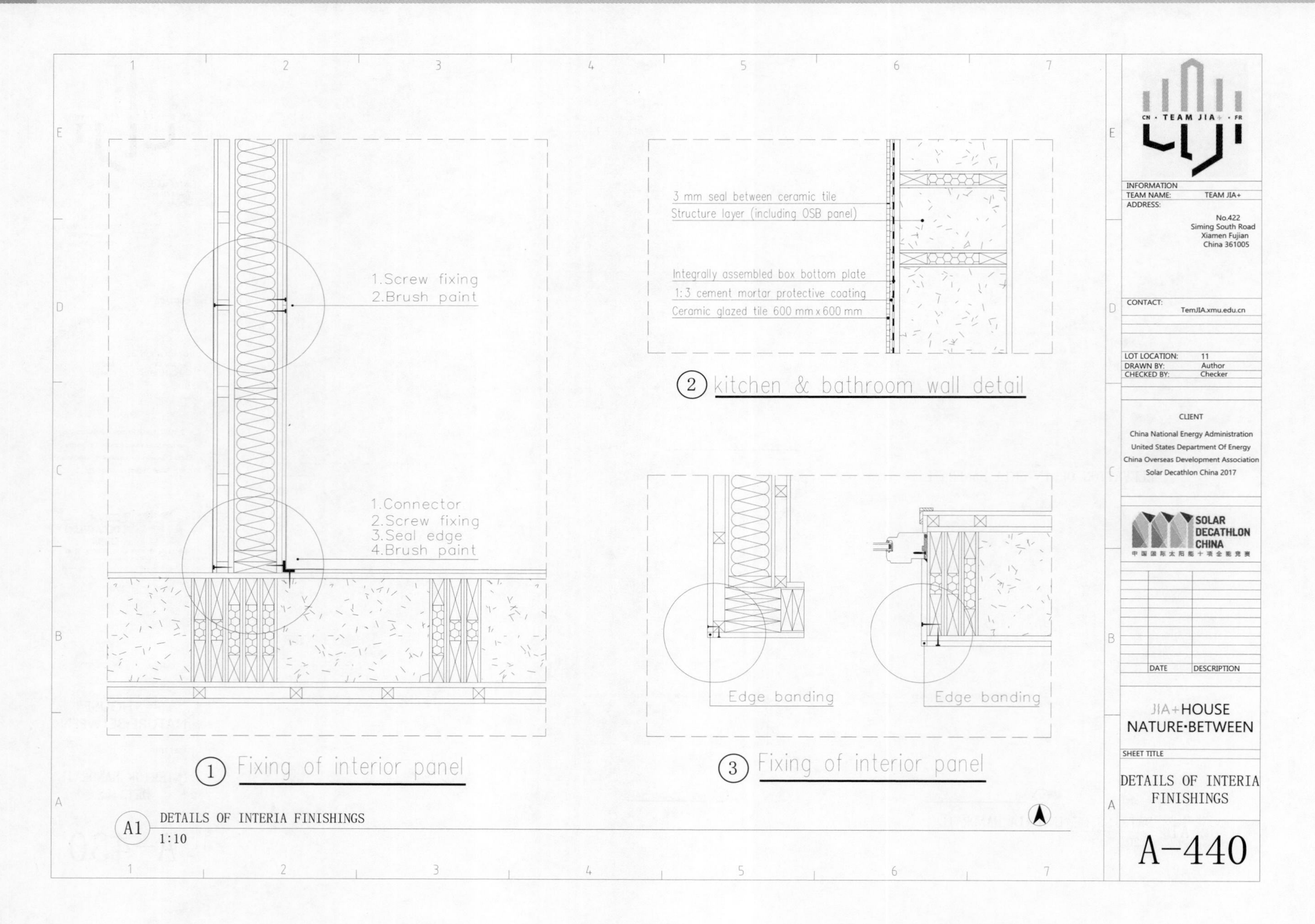
1.Screw fixing
2.Brush paint
1.Connector
2.Screw fixing
3.Seal edge
4.Brush paint
① Fixing of interior panel
3 mm seal between ceramic tile
Structure layer (including OSB panel)
Integrally assembled box bottom plate
1:3 cement mortar protective coating
Ceramic glazed tile 600 mm x 600 mm
② kitchen & bathroom wall detail
Edge banding
Edge banding
③ Fixing of interior panel
A1 DETAILS OF INTERIA FINISHINGS
1:10
CN · TEAM JIA+ · FR
INFORMATION
TEAM NAME: TEAM JIA+
ADDRESS:
No.422
Siming South Road
Xiamen Fujian
China 361005
CONTACT: TemJIA.xmu.edu.cn
LOT LOCATION: 11
DRAWN BY: Author
CHECKED BY: Checker
CLIENT
China National Energy Administration
United States Department Of Energy
China Overseas Development Association
Solar Decathlon China 2017
SOLAR DECATHLON CHINA
DATE
DESCRIPTION
JIA+HOUSE
NATURE·BETWEEN
SHEET TITLE
DETAILS OF INTERIA FINISHINGS
A-440

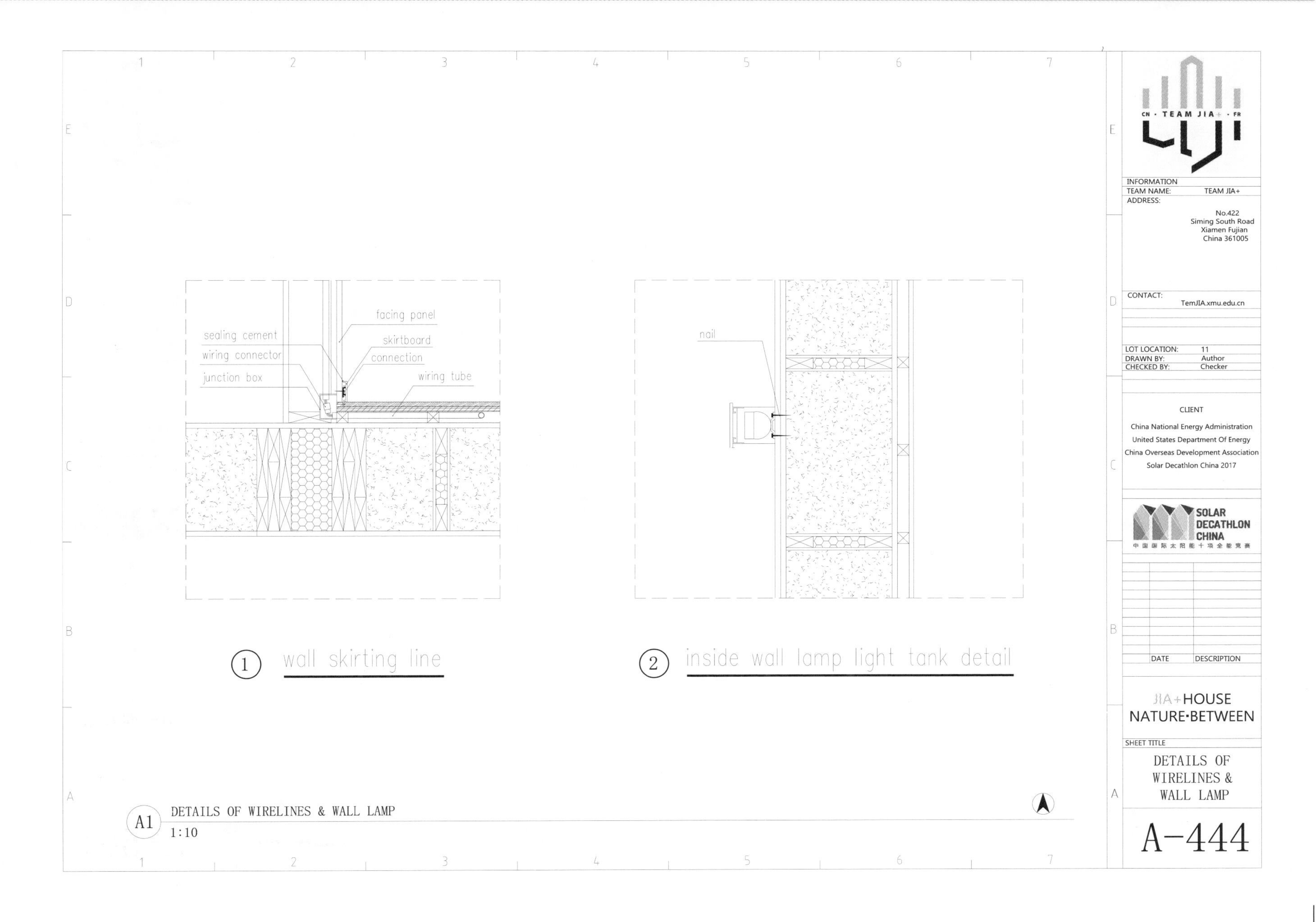
CN · TEAM JIA+ · FR
INFORMATION
TEAM NAME: TEAM JIA+
ADDRESS:
No.422
Siming South Road
Xiamen Fujian
China 361005
CONTACT:
TemJIA.xmu.edu.cn
LOT LOCATION: 11
DRAWN BY: Author
CHECKED BY: Checker
CLIENT
China National Energy Administration
United States Department Of Energy
China Overseas Development Association
Solar Decathlon China 2017
SOLAR DECATHLON CHINA
DATE
DESCRIPTION
JIA+HOUSE
NATURE·BETWEEN
SHEET TITLE
DETAILS OF WIRELINES & WALL LAMP
A-444
facing panel
sealing cement
skirtboard
wiring connector
connection
junction box
wiring tube
nail
1 wall skirting line
2 inside wall lamp light tank detail
A1 DETAILS OF WIRELINES & WALL LAMP
1:10

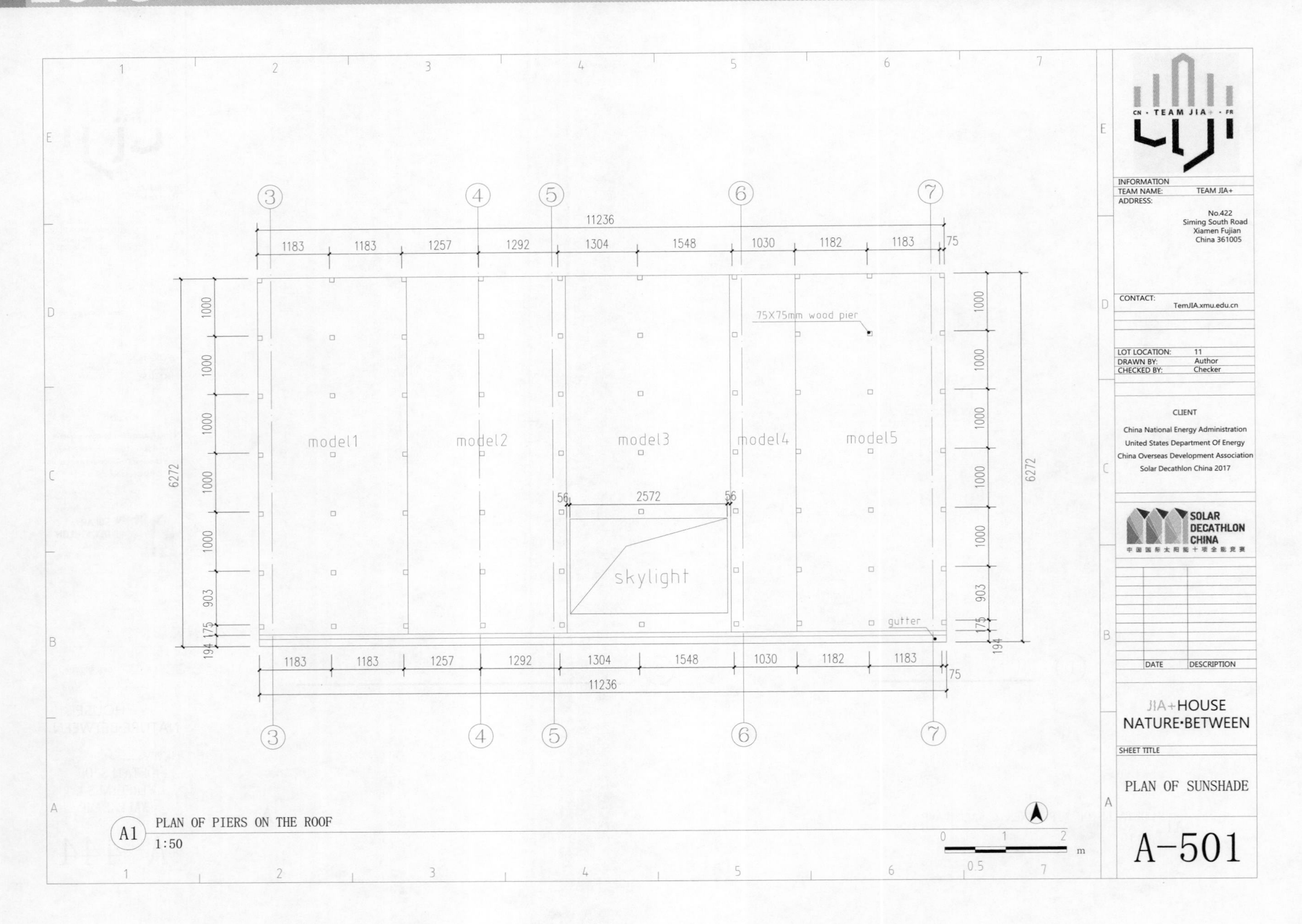

CN · TEAM JIA+ · FR
INFORMATION
TEAM NAME: TEAM JIA+
ADDRESS: No.422 Siming South Road Xiamen Fujian China 361005
CONTACT: TemJIA.xmu.edu.cn
LOT LOCATION: 11
DRAWN BY: Author
CHECKED BY: Checker
CLIENT
China National Energy Administration
United States Department Of Energy
China Overseas Development Association
Solar Decathlon China 2017
SOLAR DECATHLON CHINA
DATE
DESCRIPTION
JIA+HOUSE
NATURE·BETWEEN
SHEET TITLE
PLAN OF SUNSHADE
A-501
75X75mm wood pier
model1
model2
model3
model4
model5
skylight
gutter
11236
1183
1257
1292
1304
1548
1030
1182
75
6272
1000
903
175
194
2572
56
A1 PLAN OF PIERS ON THE ROOF
1:50

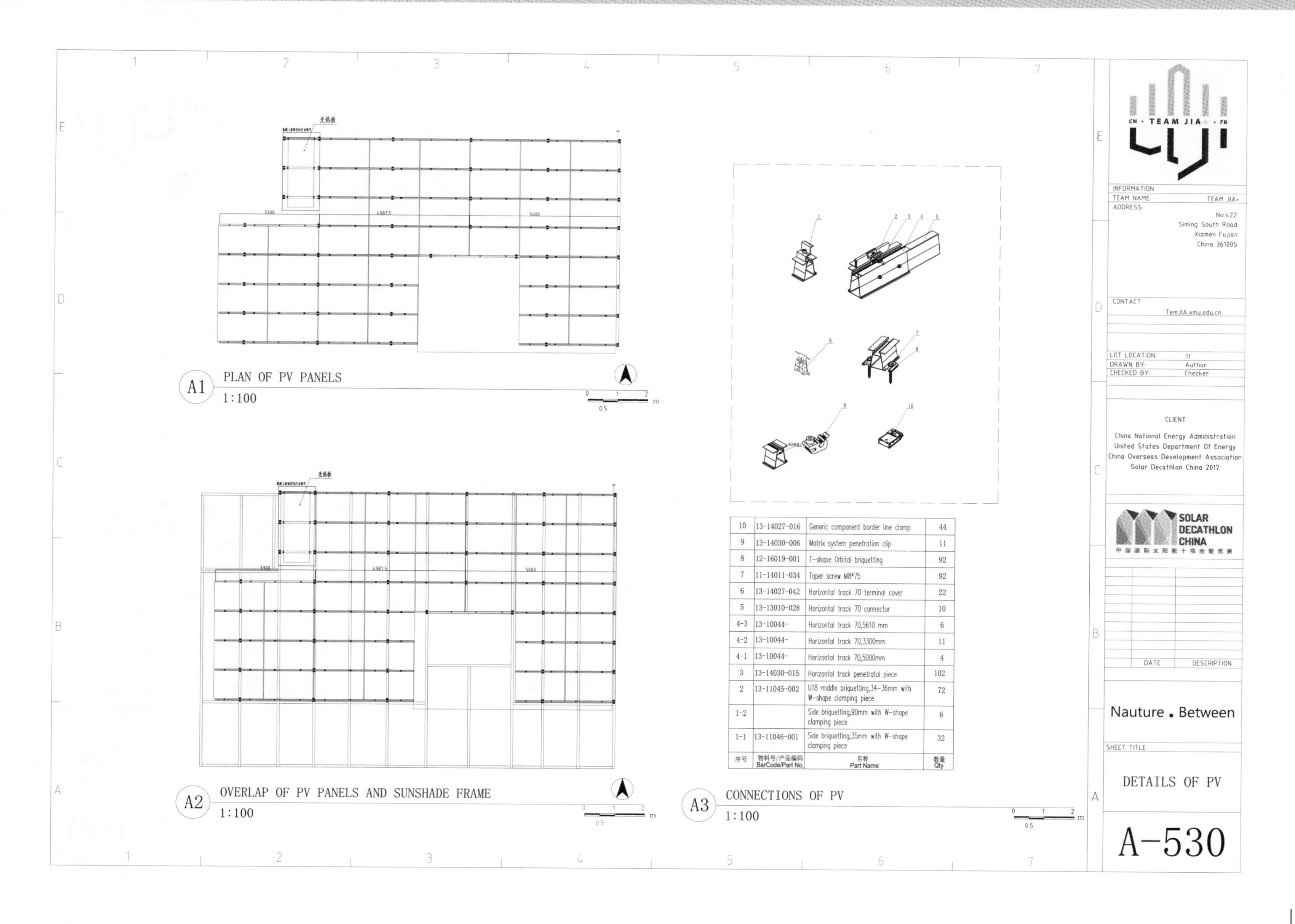

序号	物料号/产品编码 BarCode/Part No.	名称 Part Name	数量 Qty
10	13-14027-016	Generic component border line clamp	44
9	13-14030-006	Matrix system penetration clip	11
8	12-16019-001	T-shape Orbital briquetting	92
7	11-14011-034	Taper screw M8*75	92
6	13-14027-042	Horizontal track 70 terminal cover	22
5	13-13010-028	Horizontal track 70 connector	10
4-3	13-10044-	Horizontal track 70,5610 mm	6
4-2	13-10044-	Horizontal track 70,3300mm	11
4-1	13-10044-	Horizontal track 70,5000mm	4
3	13-14030-015	Horizontal track penetratal piece	102
2	13-11045-002	U18 middle briquetting,34-36mm with W-shape clamping piece	72
1-2		Side briquetting,90mm with W-shape clamping piece	6
1-1	13-11046-001	Side briquetting,35mm with W-shape clamping piece	32

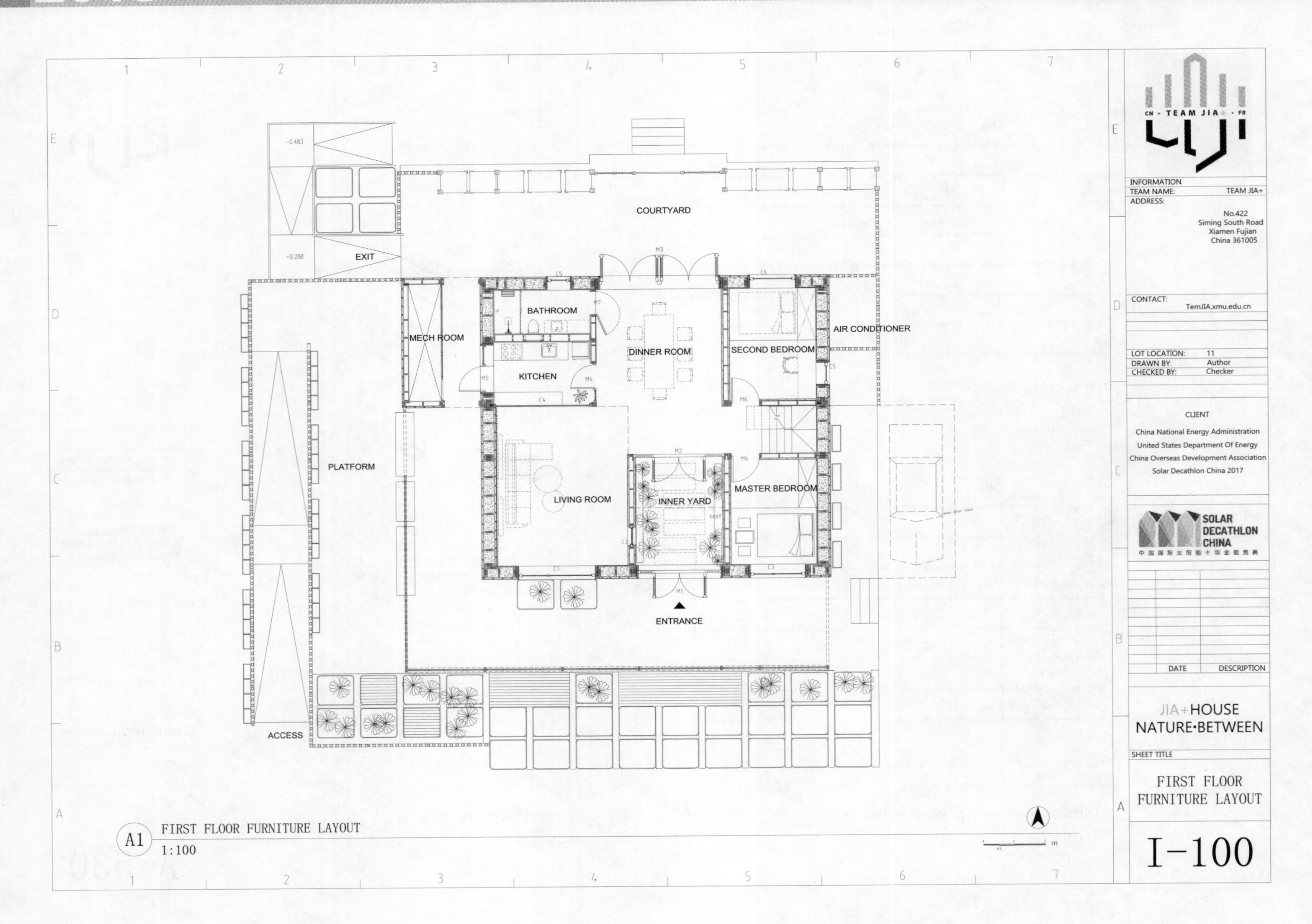
COURTYARD
EXIT
BATHROOM
MECH ROOM
KITCHEN
DINNER ROOM
SECOND BEDROOM
AIR CONDITIONER
PLATFORM
LIVING ROOM
INNER YARD
MASTER BEDROOM
ENTRANCE
ACCESS
A1 FIRST FLOOR FURNITURE LAYOUT
1:100
INFORMATION
TEAM NAME: TEAM JIA+
ADDRESS:
No.422
Siming South Road
Xiamen Fujian
China 361005
CONTACT: TemJIA.xmu.edu.cn
LOT LOCATION: 11
DRAWN BY: Author
CHECKED BY: Checker
CLIENT
China National Energy Administration
United States Department Of Energy
China Overseas Development Association
Solar Decathlon China 2017
SOLAR DECATHLON CHINA
DATE
DESCRIPTION
JIA+HOUSE
NATURE·BETWEEN
SHEET TITLE
FIRST FLOOR
FURNITURE LAYOUT
I-100

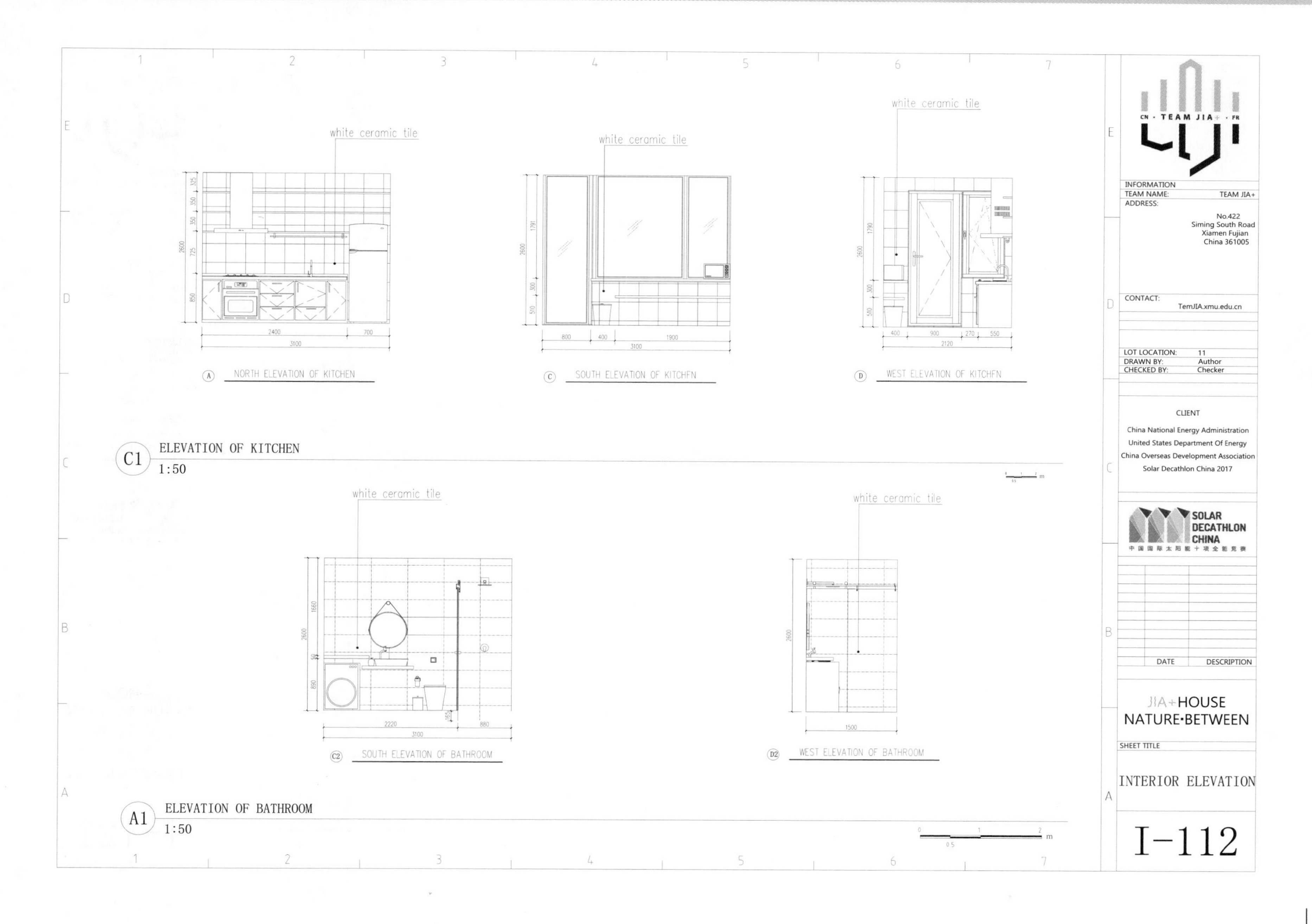

white ceramic tile
NORTH ELEVATION OF KITCHEN
SOUTH ELEVATION OF KITCHEN
WEST ELEVATION OF KITCHEN
C1 ELEVATION OF KITCHEN
1:50
SOUTH ELEVATION OF BATHROOM
WEST ELEVATION OF BATHROOM
A1 ELEVATION OF BATHROOM
1:50
INFORMATION
TEAM NAME: TEAM JIA+
ADDRESS:
No.422
Siming South Road
Xiamen Fujian
China 361005
CONTACT:
TemJIA.xmu.edu.cn
LOT LOCATION: 11
DRAWN BY: Author
CHECKED BY: Checker
CLIENT
China National Energy Administration
United States Department Of Energy
China Overseas Development Association
Solar Decathlon China 2017
SOLAR DECATHLON CHINA
DATE
DESCRIPTION
JIA+HOUSE
NATURE·BETWEEN
SHEET TITLE
INTERIOR ELEVATION
I-112

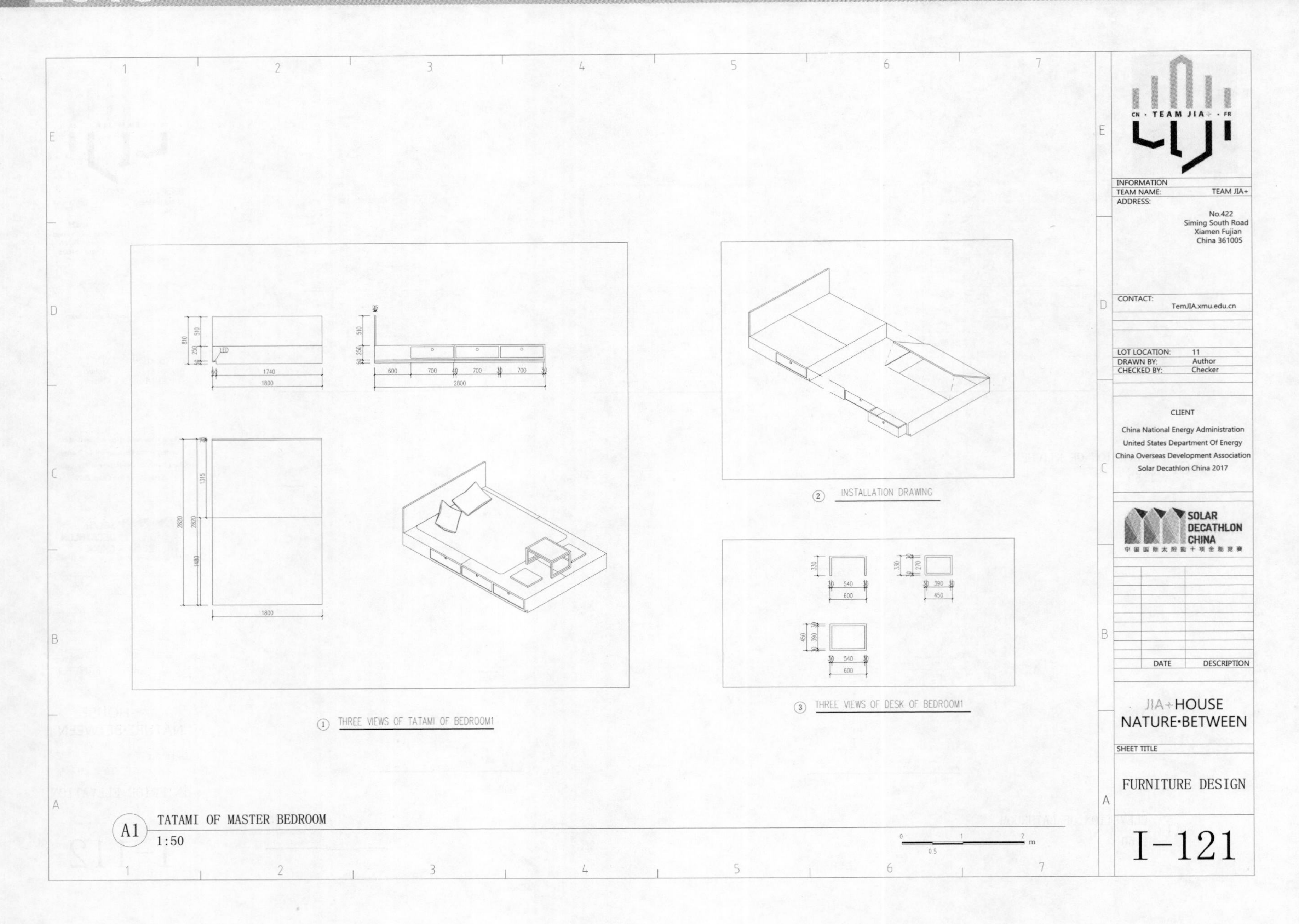
CN · TEAM JIA+ · FR
INFORMATION
TEAM NAME: TEAM JIA+
ADDRESS:
No.422
Siming South Road
Xiamen Fujian
China 361005
CONTACT: TemJIA.xmu.edu.cn
LOT LOCATION: 11
DRAWN BY: Author
CHECKED BY: Checker
CLIENT
China National Energy Administration
United States Department Of Energy
China Overseas Development Association
Solar Decathlon China 2017
SOLAR DECATHLON CHINA
DATE
DESCRIPTION
JIA+HOUSE
NATURE·BETWEEN
SHEET TITLE
FURNITURE DESIGN
I-121
① THREE VIEWS OF TATAMI OF BEDROOM1
② INSTALLATION DRAWING
③ THREE VIEWS OF DESK OF BEDROOM1
A1 TATAMI OF MASTER BEDROOM
1:50

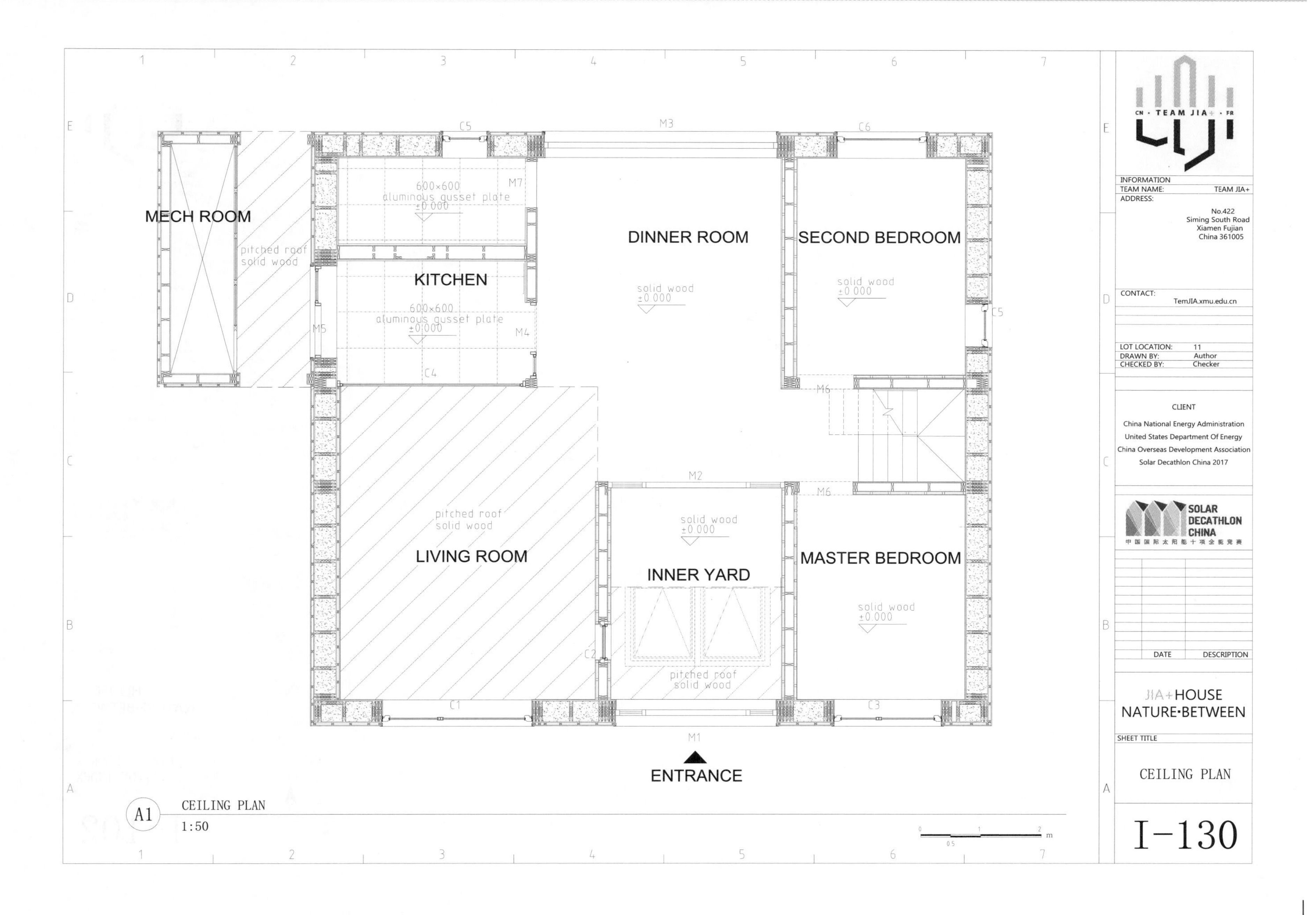
MECH ROOM
pitched roof
solid wood
600×600
aluminous gusset plate
±0.000
M7
KITCHEN
600×600
aluminous gusset plate
±0.000
M5
M4
C4
DINNER ROOM
solid wood
±0.000
M3
C5
C6
SECOND BEDROOM
solid wood
±0.000
M6
LIVING ROOM
pitched roof
solid wood
M2
INNER YARD
solid wood
±0.000
pitched roof
solid wood
MASTER BEDROOM
solid wood
±0.000
C1
C2
C3
M1
ENTRANCE
A1
CEILING PLAN
1:50
INFORMATION
TEAM NAME: TEAM JIA+
ADDRESS:
No.422
Siming South Road
Xiamen Fujian
China 361005
CONTACT:
TemJIA.xmu.edu.cn
LOT LOCATION: 11
DRAWN BY: Author
CHECKED BY: Checker
CLIENT
China National Energy Administration
United States Department Of Energy
China Overseas Development Association
Solar Decathlon China 2017
SOLAR DECATHLON CHINA
DATE
DESCRIPTION
JIA+HOUSE
NATURE·BETWEEN
SHEET TITLE
CEILING PLAN
I-130

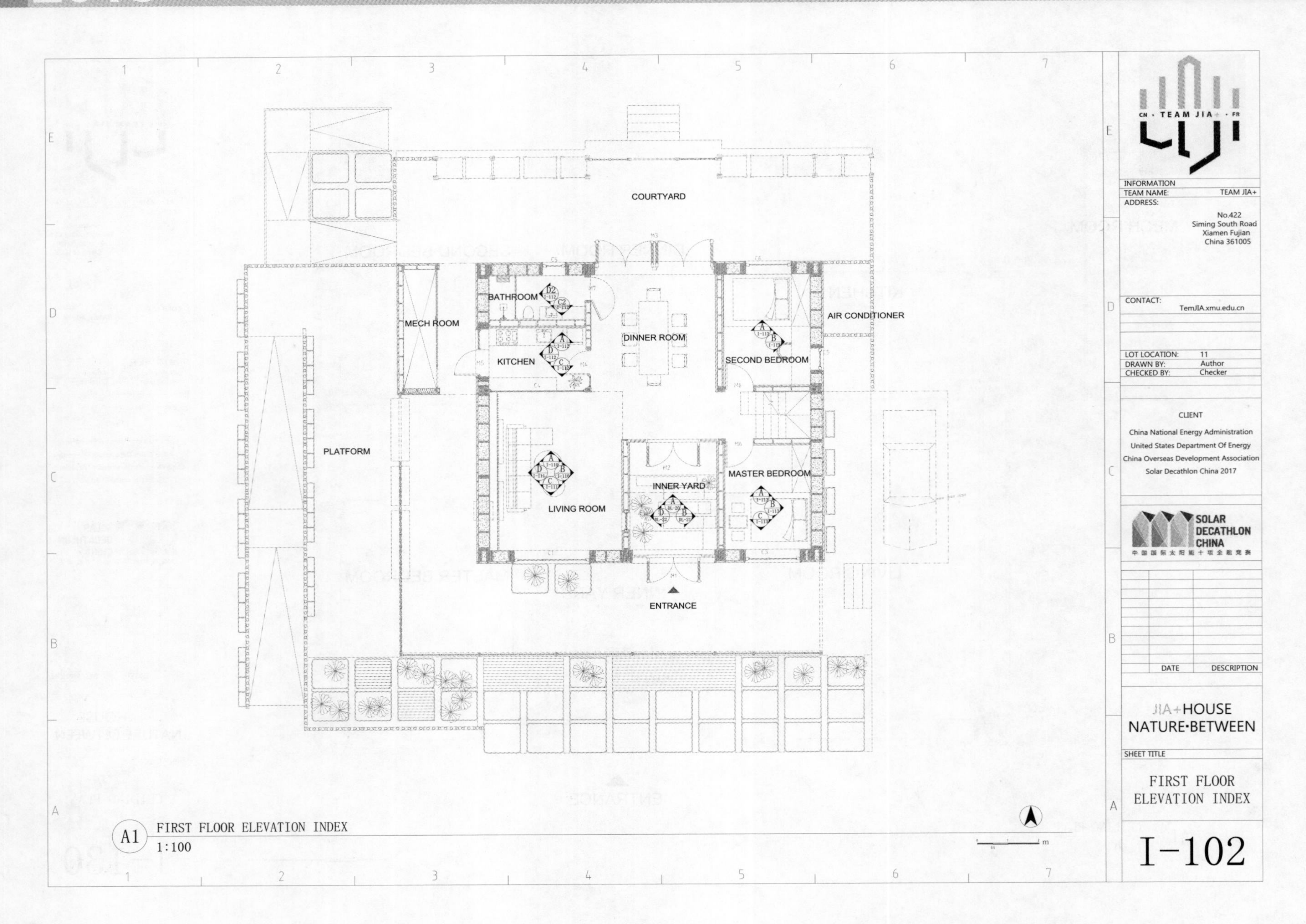
COURTYARD
BATHROOM
MECH ROOM
DINNER ROOM
AIR CONDITIONER
KITCHEN
SECOND BEDROOM
PLATFORM
INNER YARD
MASTER BEDROOM
LIVING ROOM
ENTRANCE
A1 FIRST FLOOR ELEVATION INDEX
1:100
CN · TEAM JIA+ · FR
INFORMATION
TEAM NAME: TEAM JIA+
ADDRESS:
No.422
Siming South Road
Xiamen Fujian
China 361005
CONTACT: TemJIA.xmu.edu.cn
LOT LOCATION: 11
DRAWN BY: Author
CHECKED BY: Checker
CLIENT
China National Energy Administration
United States Department Of Energy
China Overseas Development Association
Solar Decathlon China 2017
SOLAR DECATHLON CHINA
DATE
DESCRIPTION
JIA+HOUSE
NATURE·BETWEEN
SHEET TITLE
FIRST FLOOR
ELEVATION INDEX
I-102

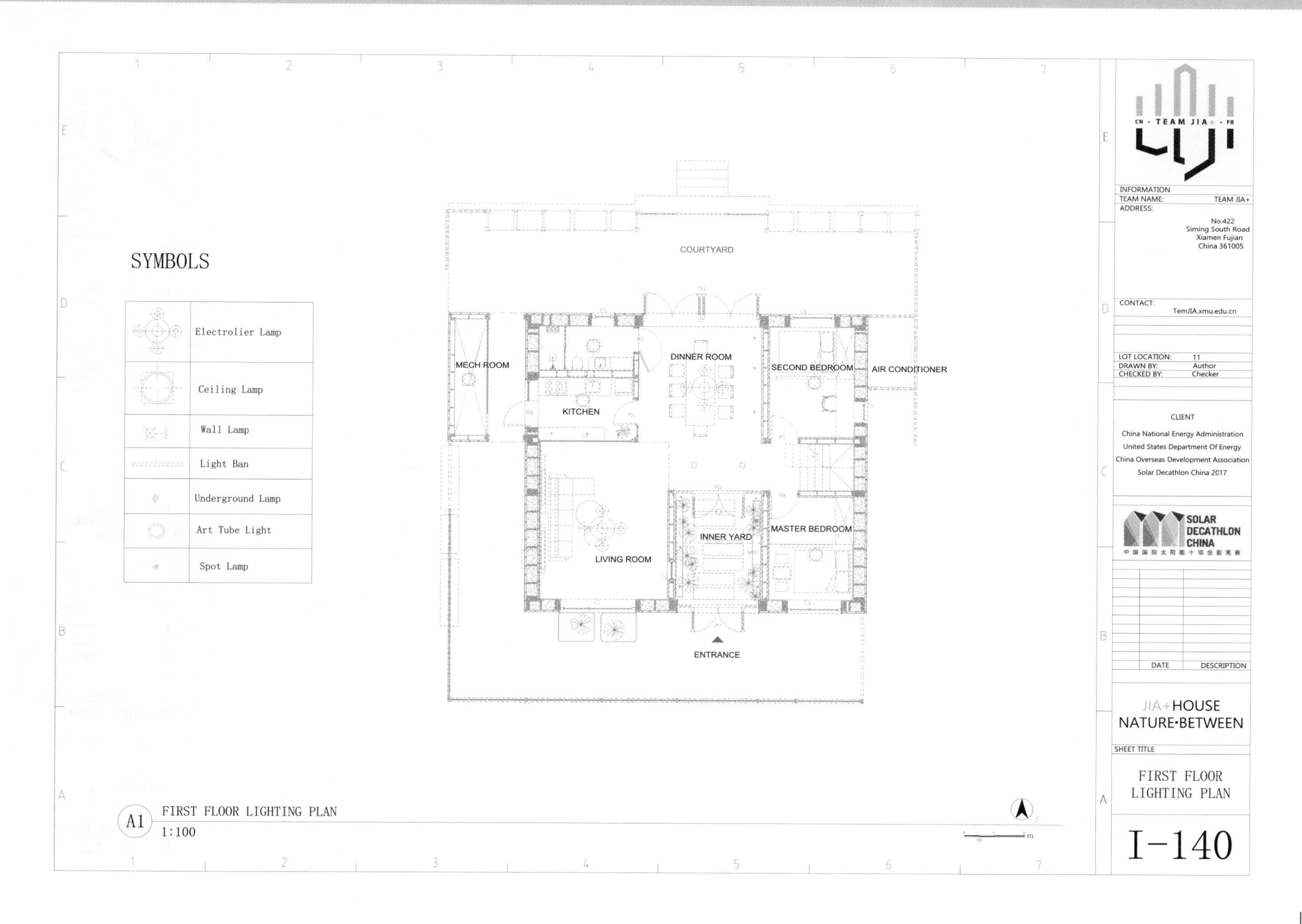

SYMBOLS
Electrolier Lamp
Ceiling Lamp
Wall Lamp
Light Ban
Underground Lamp
Art Tube Light
Spot Lamp
COURTYARD
MECH ROOM
DINNER ROOM
SECOND BEDROOM
AIR CONDITIONER
KITCHEN
INNER YARD
MASTER BEDROOM
LIVING ROOM
ENTRANCE
A1
FIRST FLOOR LIGHTING PLAN
1:100
CN · TEAM JIA+ · FR
INFORMATION
TEAM NAME: TEAM JIA+
ADDRESS:
No.422
Siming South Road
Xiamen Fujian
China 361005
CONTACT:
TemJIA.xmu.edu.cn
LOT LOCATION: 11
DRAWN BY: Author
CHECKED BY: Checker
CLIENT
China National Energy Administration
United States Department Of Energy
China Overseas Development Association
Solar Decathlon China 2017
SOLAR DECATHLON CHINA
DATE
DESCRIPTION
JIA+HOUSE
NATURE·BETWEEN
SHEET TITLE
FIRST FLOOR
LIGHTING PLAN
I-140

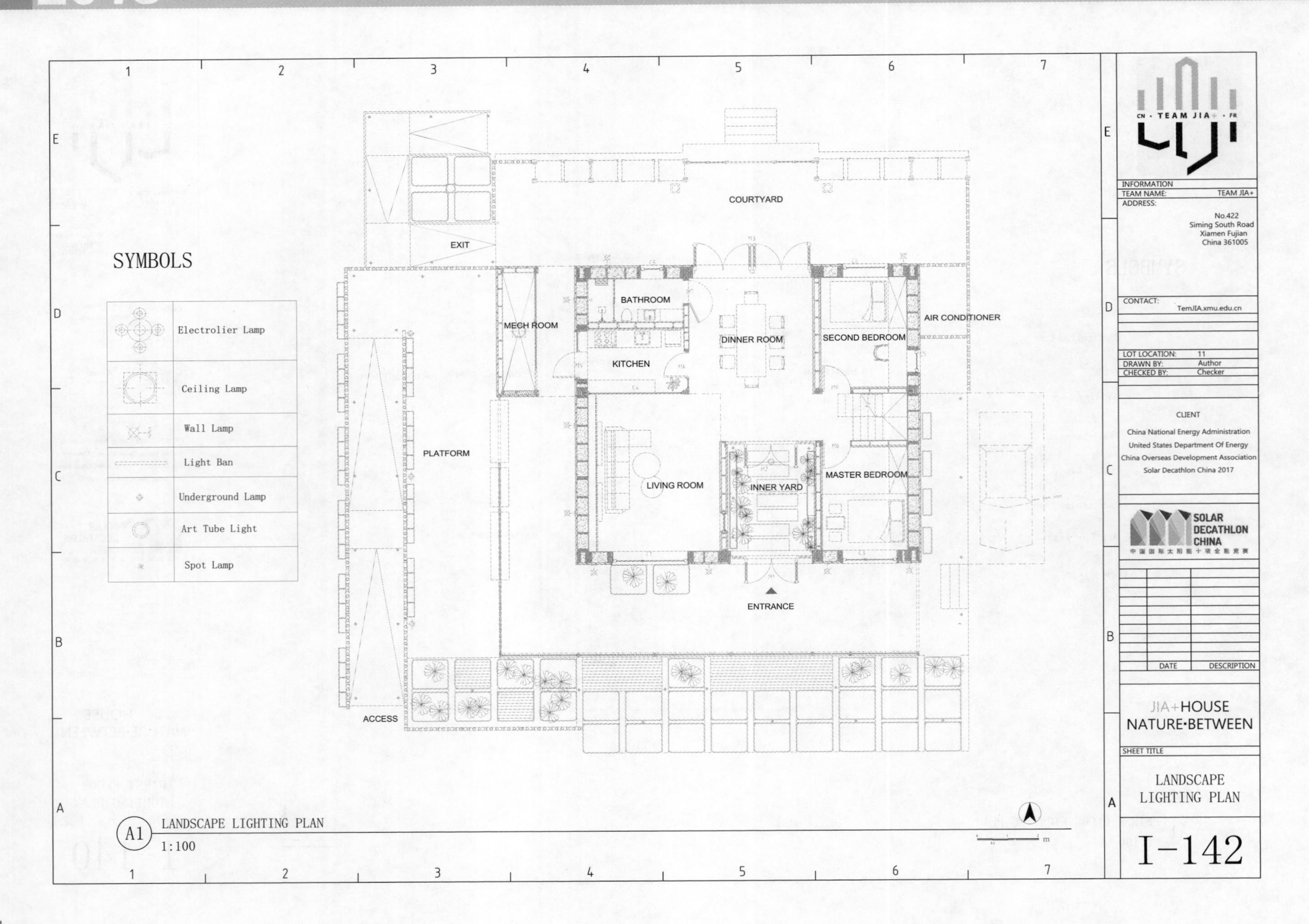
SYMBOLS
Electrolier Lamp
Ceiling Lamp
Wall Lamp
Light Ban
Underground Lamp
Art Tube Light
Spot Lamp
COURTYARD
EXIT
BATHROOM
MECH ROOM
KITCHEN
DINNER ROOM
SECOND BEDROOM
AIR CONDITIONER
PLATFORM
LIVING ROOM
INNER YARD
MASTER BEDROOM
ENTRANCE
ACCESS
A1 LANDSCAPE LIGHTING PLAN
1:100
CN · TEAM JIA+ · FR
INFORMATION
TEAM NAME: TEAM JIA+
ADDRESS:
No.422
Siming South Road
Xiamen Fujian
China 361005
CONTACT: TemJIA.xmu.edu.cn
LOT LOCATION: 11
DRAWN BY: Author
CHECKED BY: Checker
CLIENT
China National Energy Administration
United States Department Of Energy
China Overseas Development Association
Solar Decathlon China 2017
SOLAR DECATHLON CHINA
DATE
DESCRIPTION
JIA+HOUSE
NATURE·BETWEEN
SHEET TITLE
LANDSCAPE LIGHTING PLAN
I-142

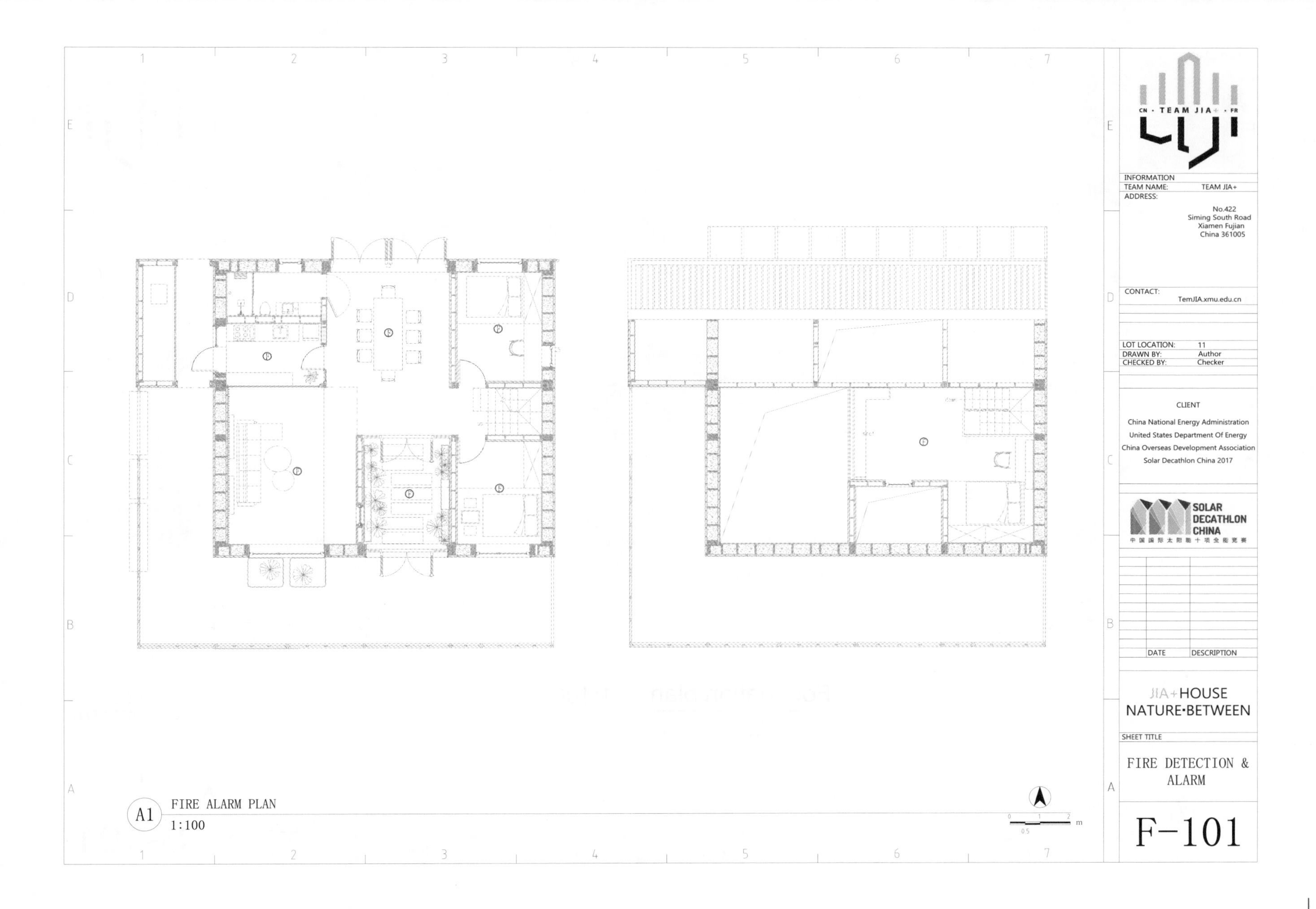
CN · TEAM JIA+ · FR
INFORMATION
TEAM NAME: TEAM JIA+
ADDRESS:
No.422
Siming South Road
Xiamen Fujian
China 361005
CONTACT:
TemJIA.xmu.edu.cn
LOT LOCATION: 11
DRAWN BY: Author
CHECKED BY: Checker
CLIENT
China National Energy Administration
United States Department Of Energy
China Overseas Development Association
Solar Decathlon China 2017
SOLAR DECATHLON CHINA
DATE
DESCRIPTION
JIA+HOUSE
NATURE·BETWEEN
SHEET TITLE
FIRE DETECTION & ALARM
F-101
A1 FIRE ALARM PLAN
1:100

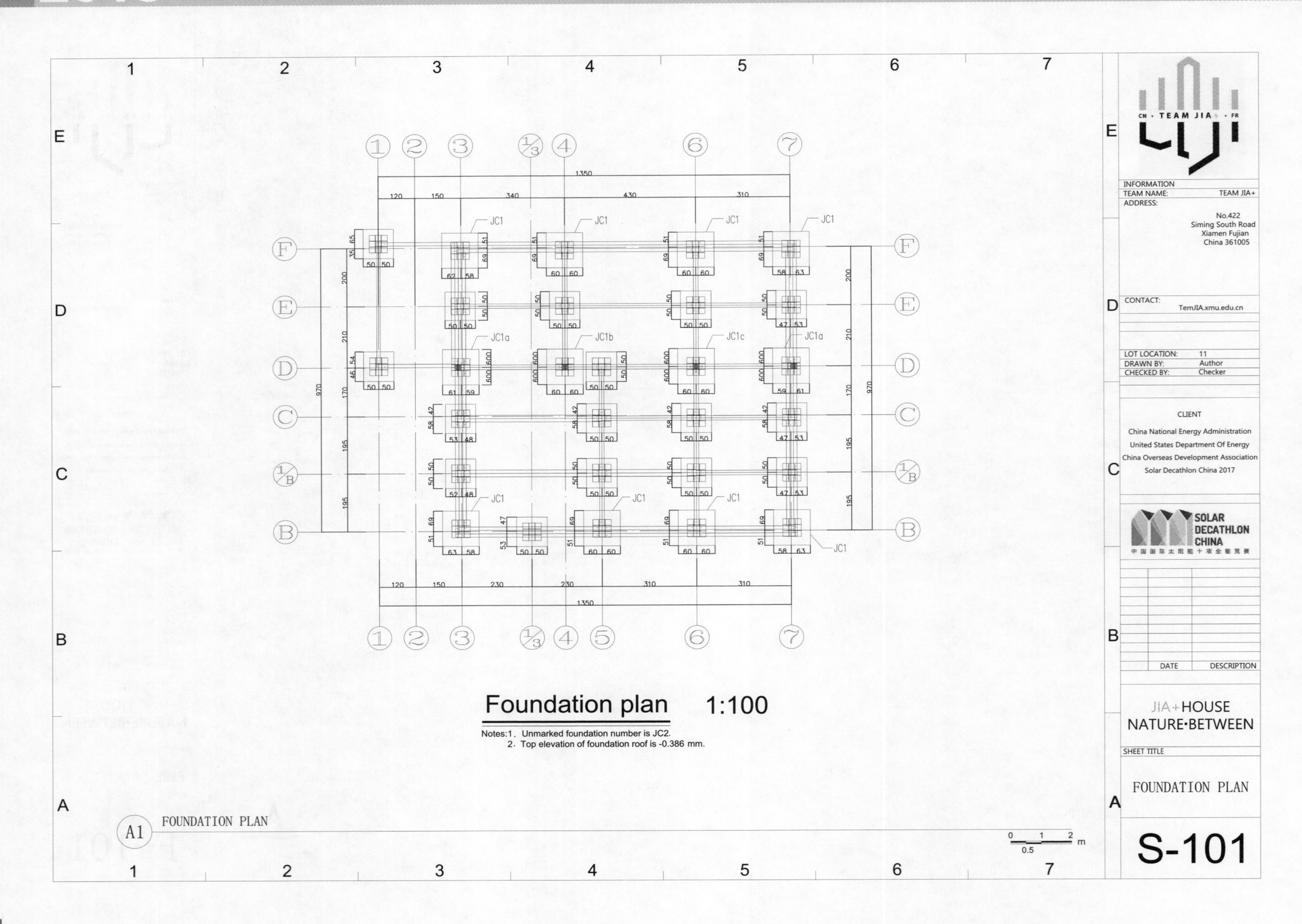
Foundation plan 1:100
Notes:1. Unmarked foundation number is JC2.
2. Top elevation of foundation roof is -0.386 mm.
INFORMATION
TEAM NAME: TEAM JIA+
ADDRESS: No.422 Siming South Road Xiamen Fujian China 361005
CONTACT: TemJIA.xmu.edu.cn
LOT LOCATION: 11
DRAWN BY: Author
CHECKED BY: Checker
CLIENT
China National Energy Administration
United States Department Of Energy
China Overseas Development Association
Solar Decathlon China 2017
SOLAR DECATHLON CHINA
DATE
DESCRIPTION
JIA+HOUSE
NATURE·BETWEEN
SHEET TITLE
FOUNDATION PLAN
S-101
A1 FOUNDATION PLAN

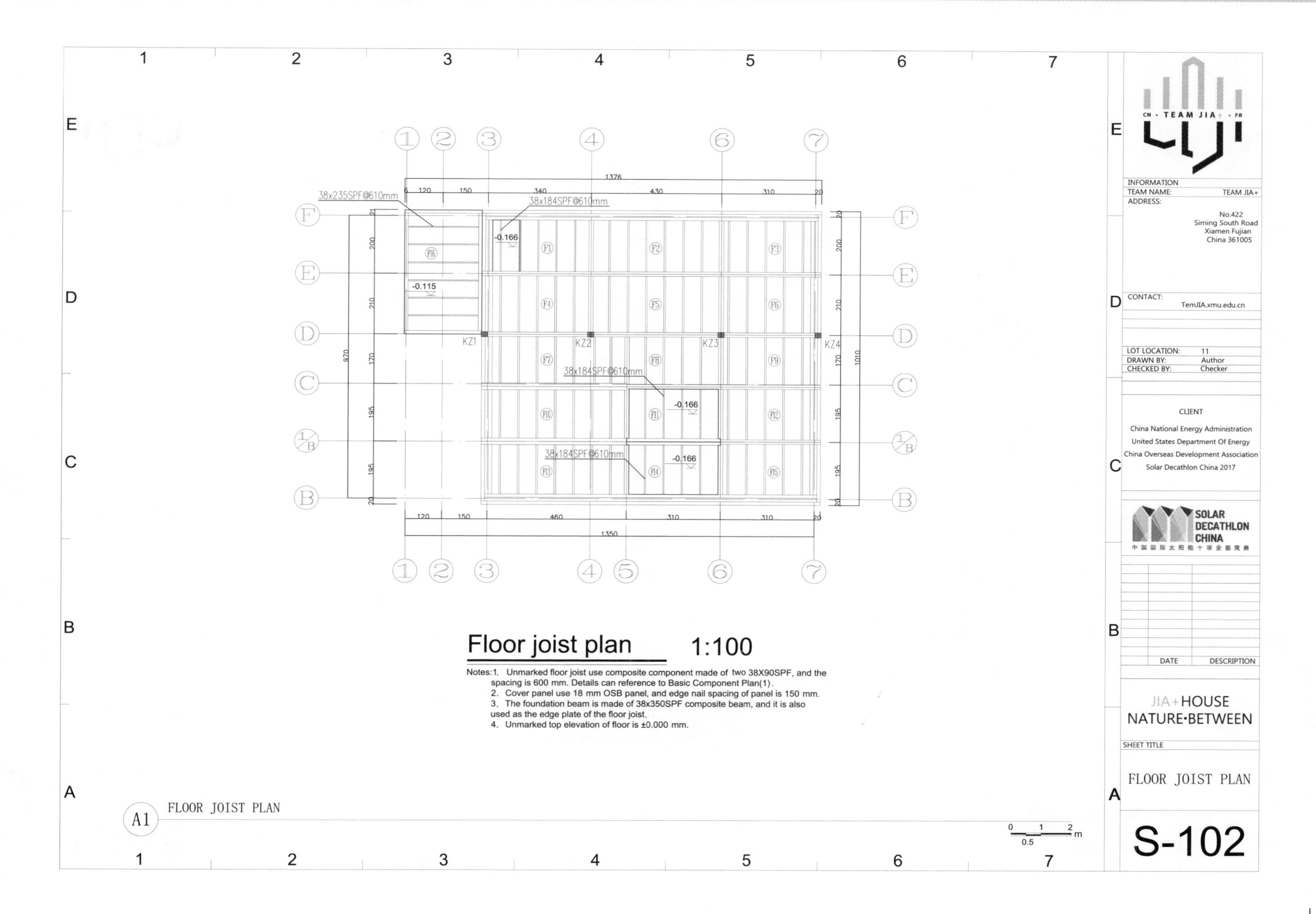

Floor joist plan 1:100
Notes:1. Unmarked floor joist use composite component made of two 38X90SPF, and the spacing is 600 mm. Details can reference to Basic Component Plan(1).
2. Cover panel use 18 mm OSB panel, and edge nail spacing of panel is 150 mm.
3. The foundation beam is made of 38x350SPF composite beam, and it is also used as the edge plate of the floor joist.
4. Unmarked top elevation of floor is ±0.000 mm.
38x235SPF@610mm
38x184SPF@610mm
KZ1
KZ2
KZ3
KZ4
FLOOR JOIST PLAN
INFORMATION
TEAM NAME: TEAM JIA+
ADDRESS: No.422 Siming South Road Xiamen Fujian China 361005
CONTACT: TemJIA.xmu.edu.cn
LOT LOCATION: 11
DRAWN BY: Author
CHECKED BY: Checker
CLIENT
China National Energy Administration
United States Department Of Energy
China Overseas Development Association
Solar Decathlon China 2017
SOLAR DECATHLON CHINA
DATE
DESCRIPTION
JIA+HOUSE
NATURE·BETWEEN
SHEET TITLE
FLOOR JOIST PLAN
S-102

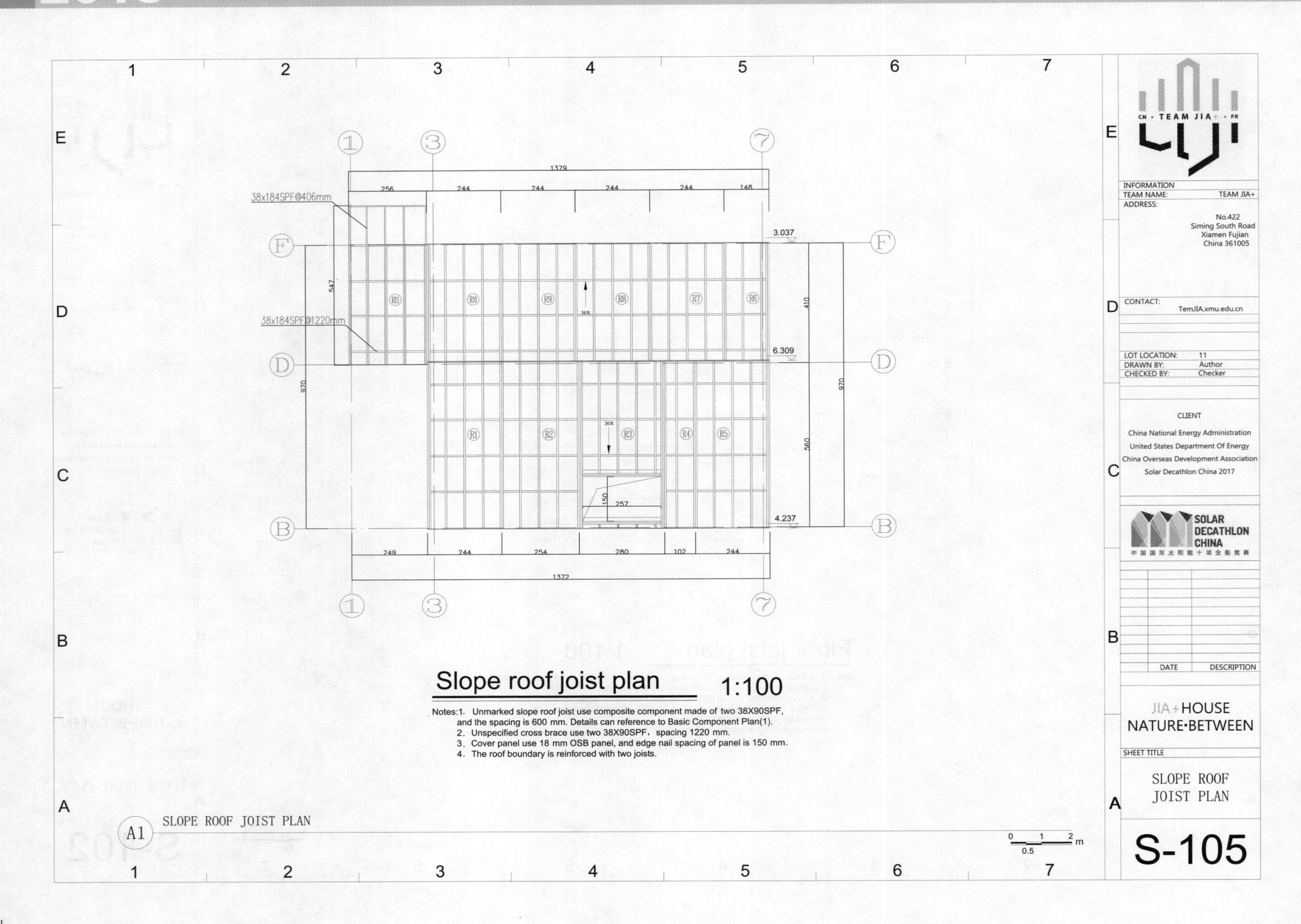
38x184SPF@406mm
38x184SPF@1220mm
1379
1372
3.037
6.309
4.237
CN · TEAM JIA+ · FR
INFORMATION
TEAM NAME: TEAM JIA+
ADDRESS:
No.422
Siming South Road
Xiamen Fujian
China 361005
CONTACT:
TemJIA.xmu.edu.cn
LOT LOCATION: 11
DRAWN BY: Author
CHECKED BY: Checker
CLIENT
China National Energy Administration
United States Department Of Energy
China Overseas Development Association
Solar Decathlon China 2017
SOLAR DECATHLON CHINA
DATE
DESCRIPTION
JIA+HOUSE
NATURE·BETWEEN
SHEET TITLE
SLOPE ROOF JOIST PLAN
S-105
Slope roof joist plan 1:100
Notes:1. Unmarked slope roof joist use composite component made of two 38X90SPF, and the spacing is 600 mm. Details can reference to Basic Component Plan(1).
2. Unspecified cross brace use two 38X90SPF，spacing 1220 mm.
3. Cover panel use 18 mm OSB panel, and edge nail spacing of panel is 150 mm.
4. The roof boundary is reinforced with two joists.
A1 SLOPE ROOF JOIST PLAN

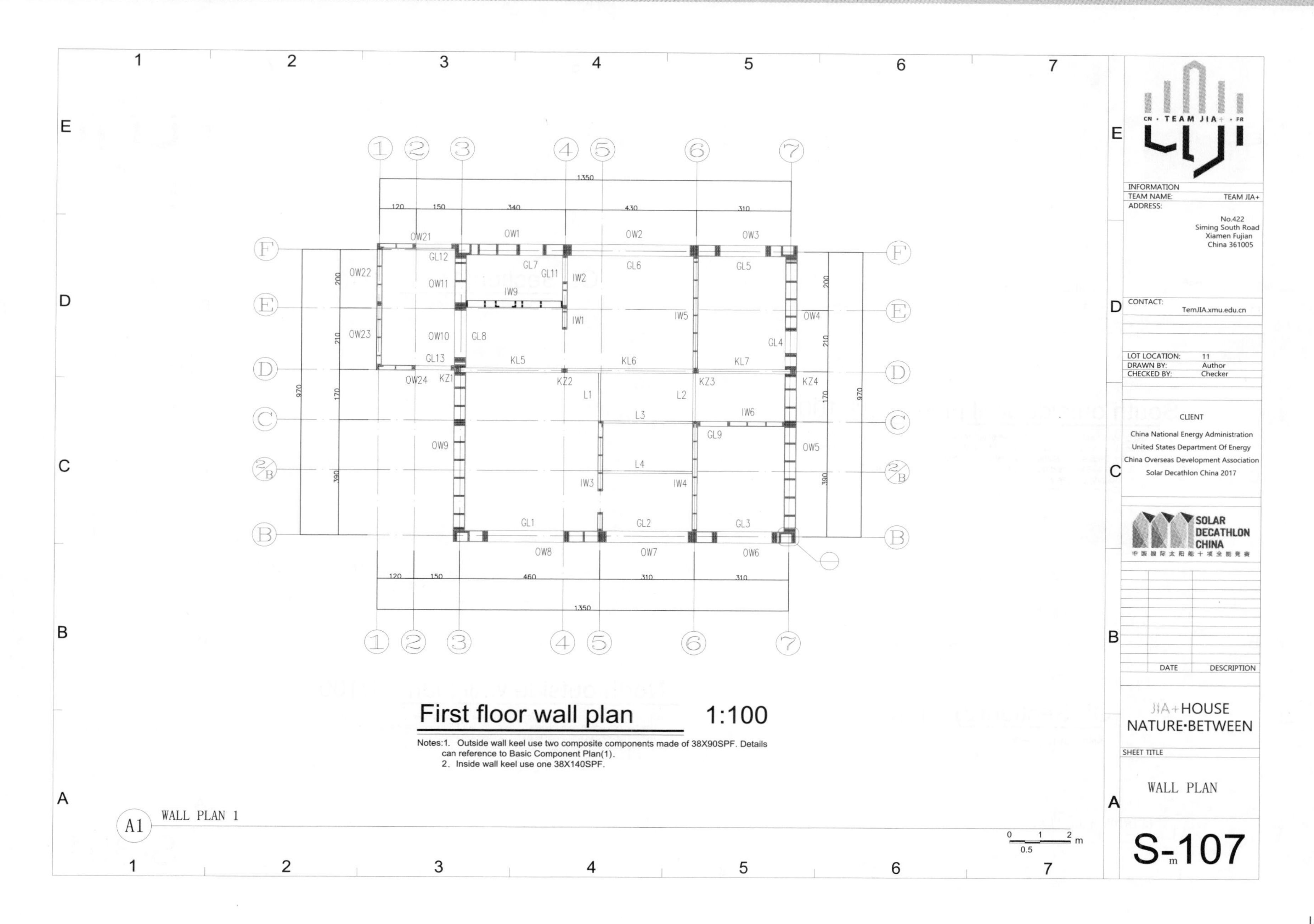

First floor wall plan 1:100
Notes:1. Outside wall keel use two composite components made of 38X90SPF. Details can reference to Basic Component Plan(1).
2. Inside wall keel use one 38X140SPF.
A1 WALL PLAN 1
INFORMATION
TEAM NAME: TEAM JIA+
ADDRESS: No.422 Siming South Road Xiamen Fujian China 361005
CONTACT: TemJIA.xmu.edu.cn
LOT LOCATION: 11
DRAWN BY: Author
CHECKED BY: Checker
CLIENT
China National Energy Administration
United States Department Of Energy
China Overseas Development Association
Solar Decathlon China 2017
SOLAR DECATHLON CHINA
DATE
DESCRIPTION
JIA+HOUSE
NATURE·BETWEEN
SHEET TITLE
WALL PLAN
S-107

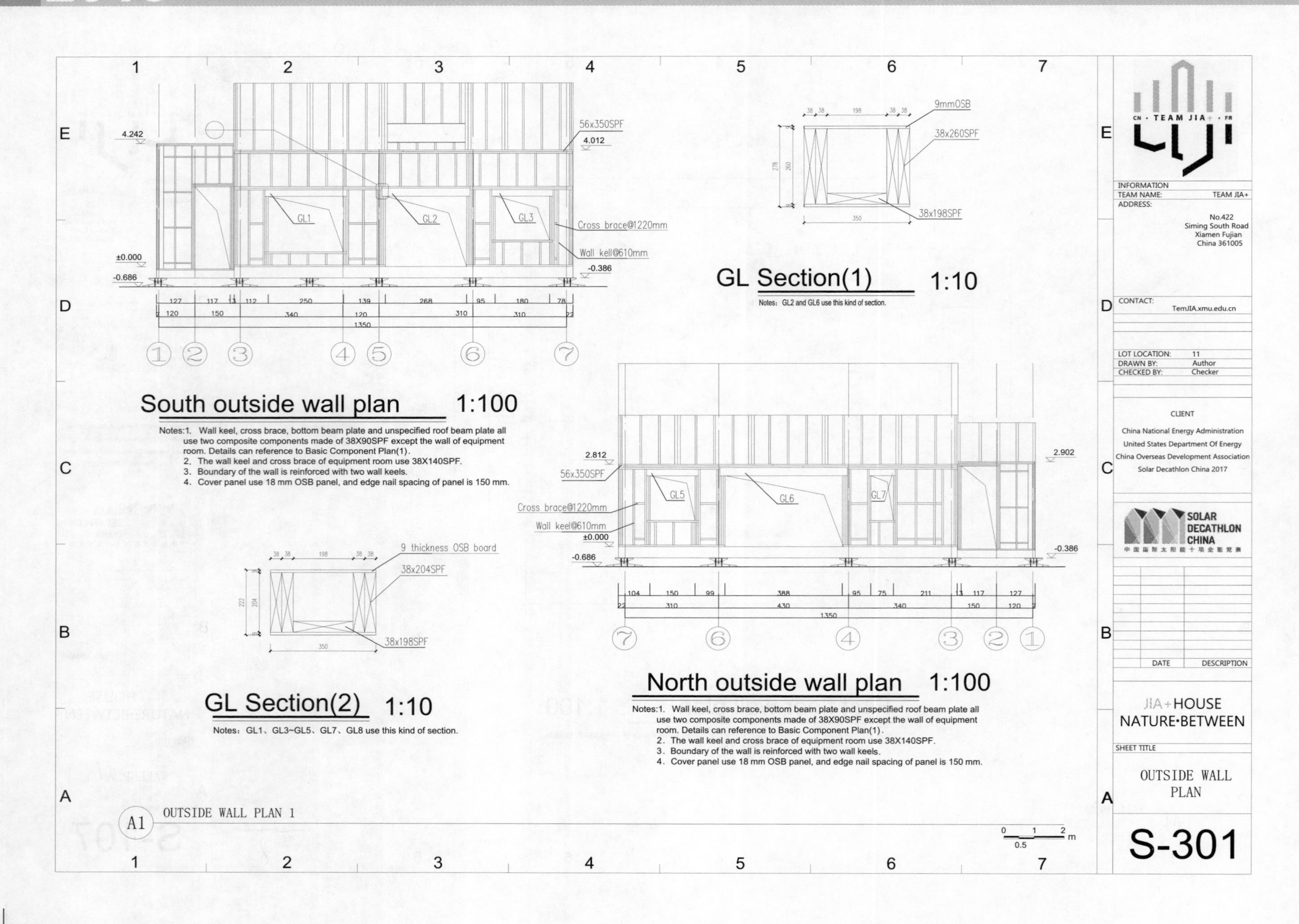

South outside wall plan 1:100
Notes:1. Wall keel, cross brace, bottom beam plate and unspecified roof beam plate all use two composite components made of 38X90SPF except the wall of equipment room. Details can reference to Basic Component Plan(1).
2. The wall keel and cross brace of equipment room use 38X140SPF.
3. Boundary of the wall is reinforced with two wall keels.
4. Cover panel use 18 mm OSB panel, and edge nail spacing of panel is 150 mm.
GL Section(1) 1:10
Notes: GL2 and GL6 use this kind of section.
9mmOSB
38x260SPF
38x198SPF
GL Section(2) 1:10
Notes: GL1、GL3~GL5、GL7、GL8 use this kind of section.
9 thickness OSB board
38x204SPF
38x198SPF
North outside wall plan 1:100
Notes:1. Wall keel, cross brace, bottom beam plate and unspecified roof beam plate all use two composite components made of 38X90SPF except the wall of equipment room. Details can reference to Basic Component Plan(1).
2. The wall keel and cross brace of equipment room use 38X140SPF.
3. Boundary of the wall is reinforced with two wall keels.
4. Cover panel use 18 mm OSB panel, and edge nail spacing of panel is 150 mm.
56x350SPF
Cross brace@1220mm
Wall kell@610mm
Wall keel@610mm
A1 OUTSIDE WALL PLAN 1
INFORMATION
TEAM NAME: TEAM JIA+
ADDRESS: No.422 Siming South Road Xiamen Fujian China 361005
CONTACT: TemJIA.xmu.edu.cn
LOT LOCATION: 11
DRAWN BY: Author
CHECKED BY: Checker
CLIENT
China National Energy Administration
United States Department Of Energy
China Overseas Development Association
Solar Decathlon China 2017
SOLAR DECATHLON CHINA
DATE
DESCRIPTION
JIA+HOUSE
NATURE·BETWEEN
SHEET TITLE
OUTSIDE WALL PLAN
S-301

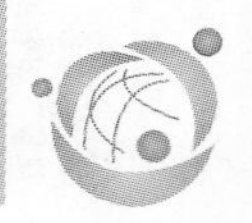

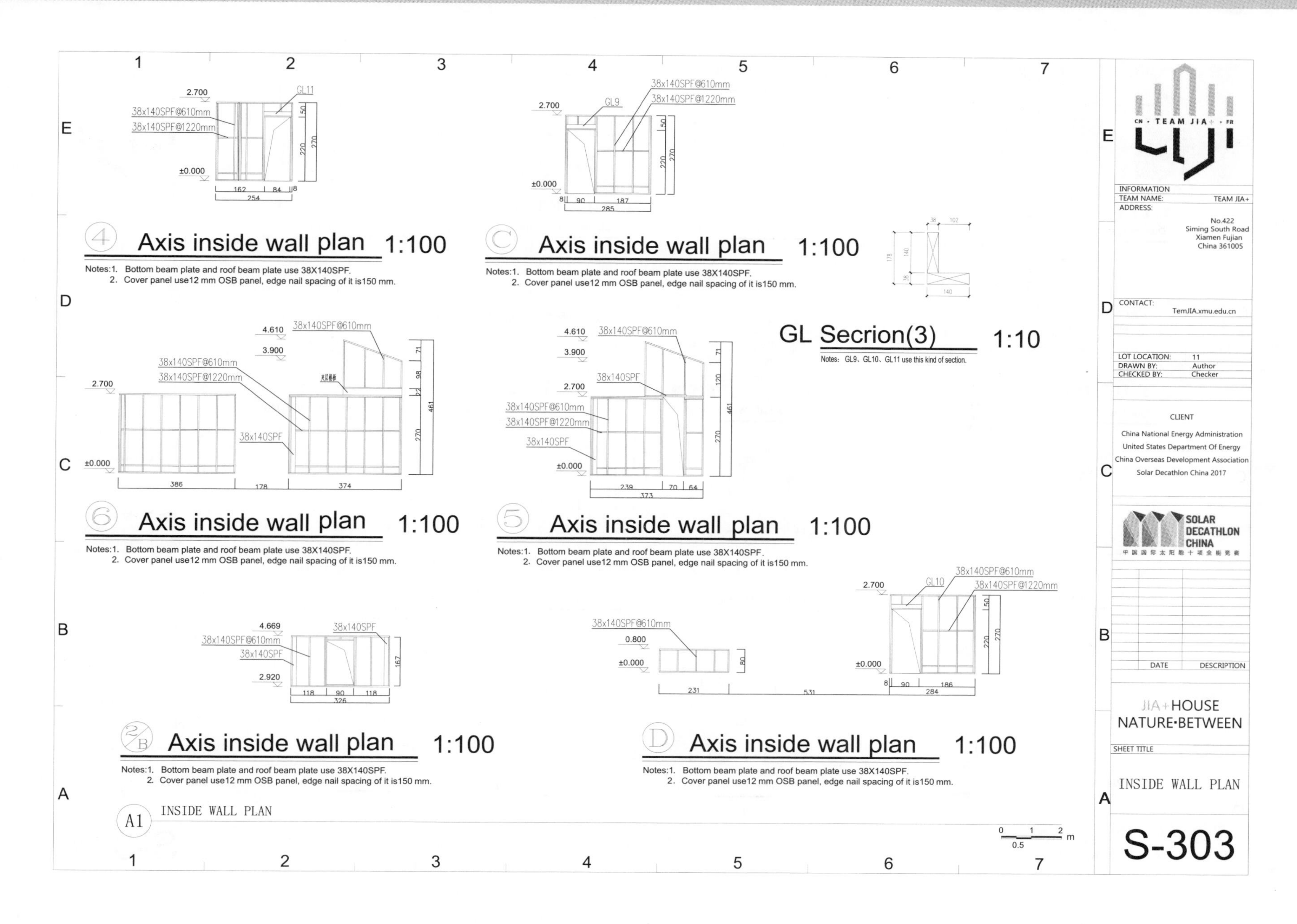

Axis inside wall plan 1:100
Notes:1. Bottom beam plate and roof beam plate use 38X140SPF.
2. Cover panel use12 mm OSB panel, edge nail spacing of it is150 mm.
GL Secrion(3) 1:10
Notes: GL9、GL10、GL11 use this kind of section.
38x140SPF@610mm
38x140SPF@1220mm
38x140SPF
INFORMATION
TEAM NAME: TEAM JIA+
ADDRESS: No.422 Siming South Road Xiamen Fujian China 361005
CONTACT: TemJIA.xmu.edu.cn
LOT LOCATION: 11
DRAWN BY: Author
CHECKED BY: Checker
CLIENT
China National Energy Administration
United States Department Of Energy
China Overseas Development Association
Solar Decathlon China 2017
SOLAR DECATHLON CHINA
DATE
DESCRIPTION
JIA+HOUSE
NATURE·BETWEEN
SHEET TITLE
INSIDE WALL PLAN
S-303
A1 INSIDE WALL PLAN

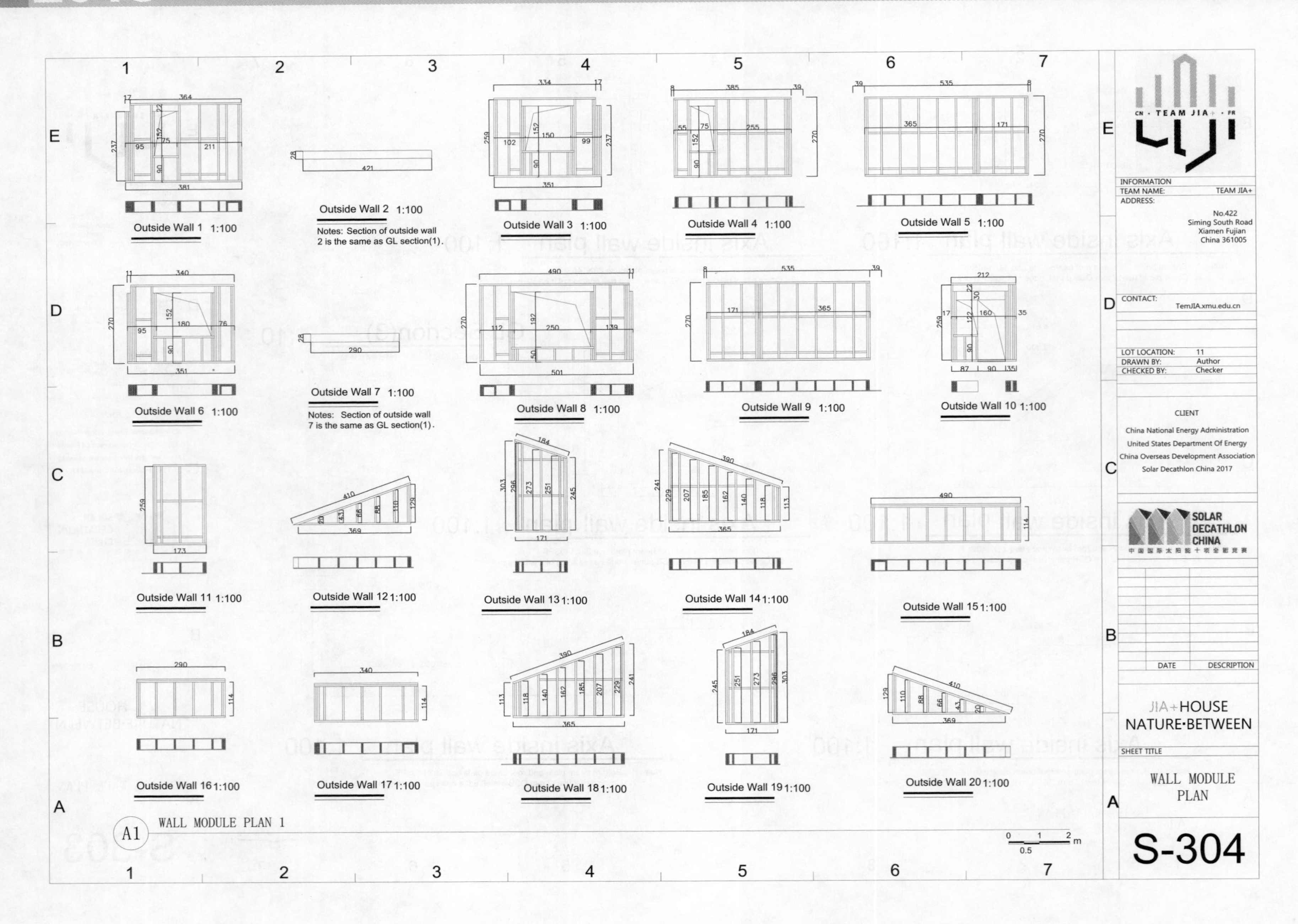
Outside Wall 1 1:100
Outside Wall 2 1:100
Notes: Section of outside wall 2 is the same as GL section(1).
Outside Wall 3 1:100
Outside Wall 4 1:100
Outside Wall 5 1:100
Outside Wall 6 1:100
Outside Wall 7 1:100
Notes: Section of outside wall 7 is the same as GL section(1).
Outside Wall 8 1:100
Outside Wall 9 1:100
Outside Wall 10 1:100
Outside Wall 11 1:100
Outside Wall 12 1:100
Outside Wall 13 1:100
Outside Wall 14 1:100
Outside Wall 15 1:100
Outside Wall 16 1:100
Outside Wall 17 1:100
Outside Wall 18 1:100
Outside Wall 19 1:100
Outside Wall 20 1:100
A1 WALL MODULE PLAN 1
CN · TEAM JIA+ · FR
INFORMATION
TEAM NAME: TEAM JIA+
ADDRESS:
No.422
Siming South Road
Xiamen Fujian
China 361005
CONTACT: TemJIA.xmu.edu.cn
LOT LOCATION: 11
DRAWN BY: Author
CHECKED BY: Checker
CLIENT
China National Energy Administration
United States Department Of Energy
China Overseas Development Association
Solar Decathlon China 2017
SOLAR DECATHLON CHINA
DATE
DESCRIPTION
JIA+HOUSE
NATURE·BETWEEN
SHEET TITLE
WALL MODULE PLAN
S-304

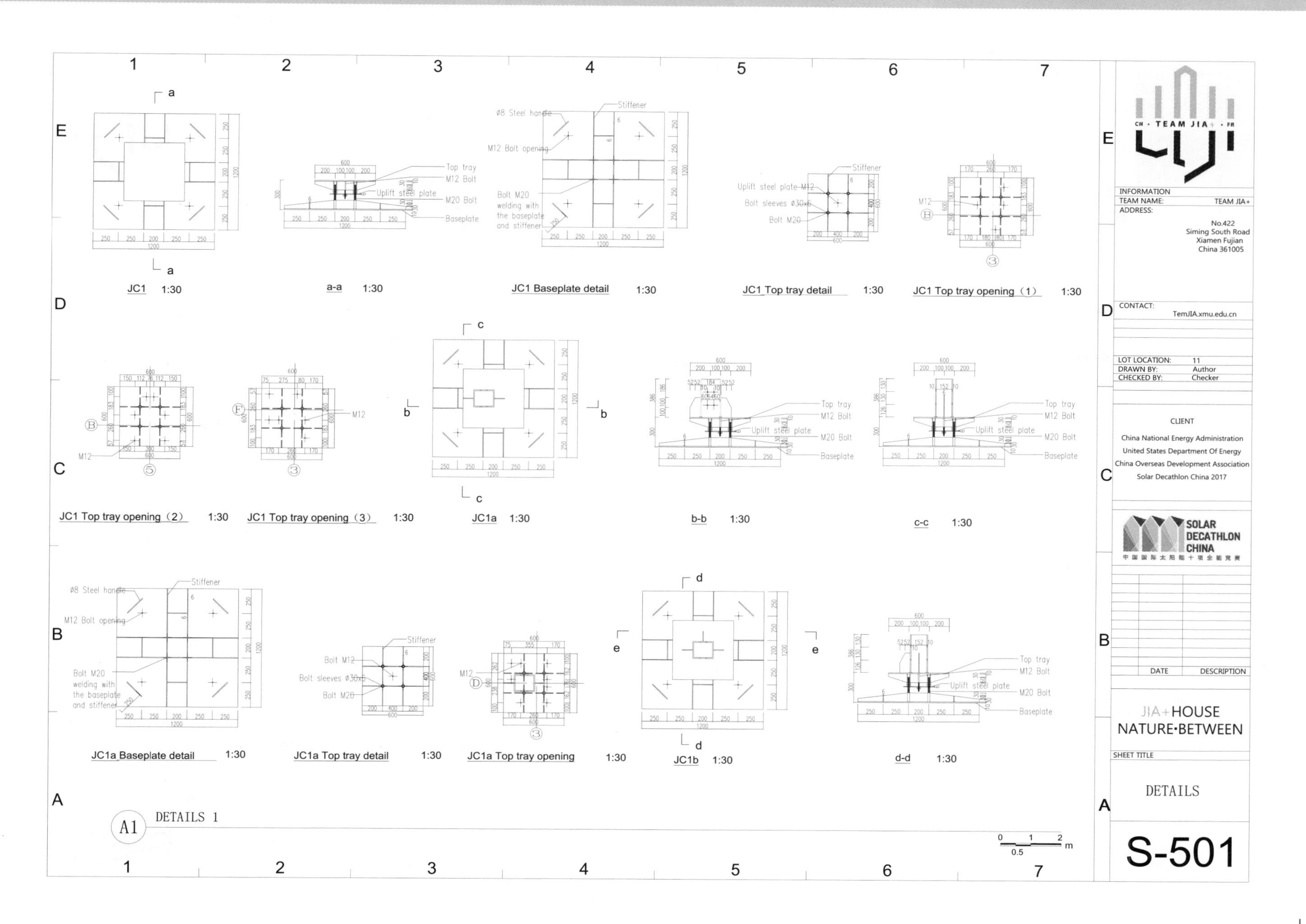

JC1 1:30
a-a 1:30
JC1 Baseplate detail 1:30
JC1 Top tray detail 1:30
JC1 Top tray opening（1） 1:30
JC1 Top tray opening（2） 1:30
JC1 Top tray opening（3） 1:30
JC1a 1:30
b-b 1:30
c-c 1:30
JC1a Baseplate detail 1:30
JC1a Top tray detail 1:30
JC1a Top tray opening 1:30
JC1b 1:30
d-d 1:30
Top tray
M12 Bolt
Uplift steel plate
M20 Bolt
Baseplate
Stiffener
ø8 Steel handle
M12 Bolt opening
Bolt M20 welding with the baseplate and stiffener
Bolt sleeves ø30x6
A1 DETAILS 1
INFORMATION
TEAM NAME: TEAM JIA+
ADDRESS: No.422 Siming South Road Xiamen Fujian China 361005
CONTACT: TemJIA.xmu.edu.cn
LOT LOCATION: 11
DRAWN BY: Author
CHECKED BY: Checker
CLIENT
China National Energy Administration
United States Department Of Energy
China Overseas Development Association
Solar Decathlon China 2017
SOLAR DECATHLON CHINA
DATE
DESCRIPTION
JIA+HOUSE
NATURE•BETWEEN
SHEET TITLE
DETAILS
S-501

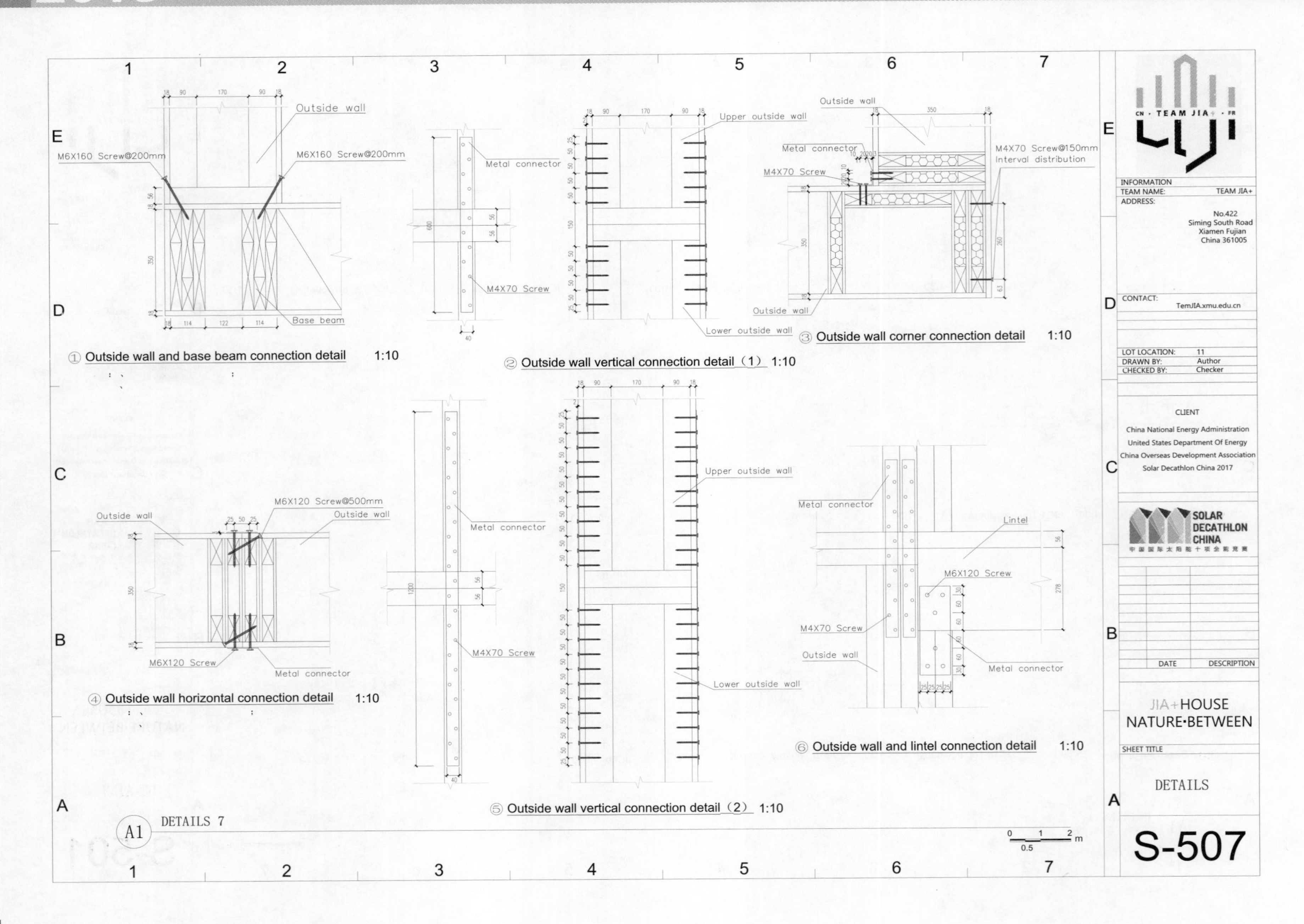

Outside wall
M6X160 Screw@200mm
M6X160 Screw@200mm
Base beam
① Outside wall and base beam connection detail 1:10
Metal connector
M4X70 Screw
Upper outside wall
Lower outside wall
② Outside wall vertical connection detail（1） 1:10
Outside wall
Metal connector
M4X70 Screw
M4X70 Screw@150mm
Interval distribution
Outside wall
③ Outside wall corner connection detail 1:10
Outside wall
M6X120 Screw@500mm
Outside wall
M6X120 Screw
Metal connector
④ Outside wall horizontal connection detail 1:10
Metal connector
M4X70 Screw
Upper outside wall
Lower outside wall
⑤ Outside wall vertical connection detail（2） 1:10
Metal connector
Lintel
M6X120 Screw
M4X70 Screw
Outside wall
Metal connector
⑥ Outside wall and lintel connection detail 1:10
A1 DETAILS 7
INFORMATION
TEAM NAME: TEAM JIA+
ADDRESS: No.422 Siming South Road Xiamen Fujian China 361005
CONTACT: TemJIA.xmu.edu.cn
LOT LOCATION: 11
DRAWN BY: Author
CHECKED BY: Checker
CLIENT
China National Energy Administration
United States Department Of Energy
China Overseas Development Association
Solar Decathlon China 2017
SOLAR DECATHLON CHINA
DATE
DESCRIPTION
JIA+HOUSE
NATURE•BETWEEN
SHEET TITLE
DETAILS
S-507

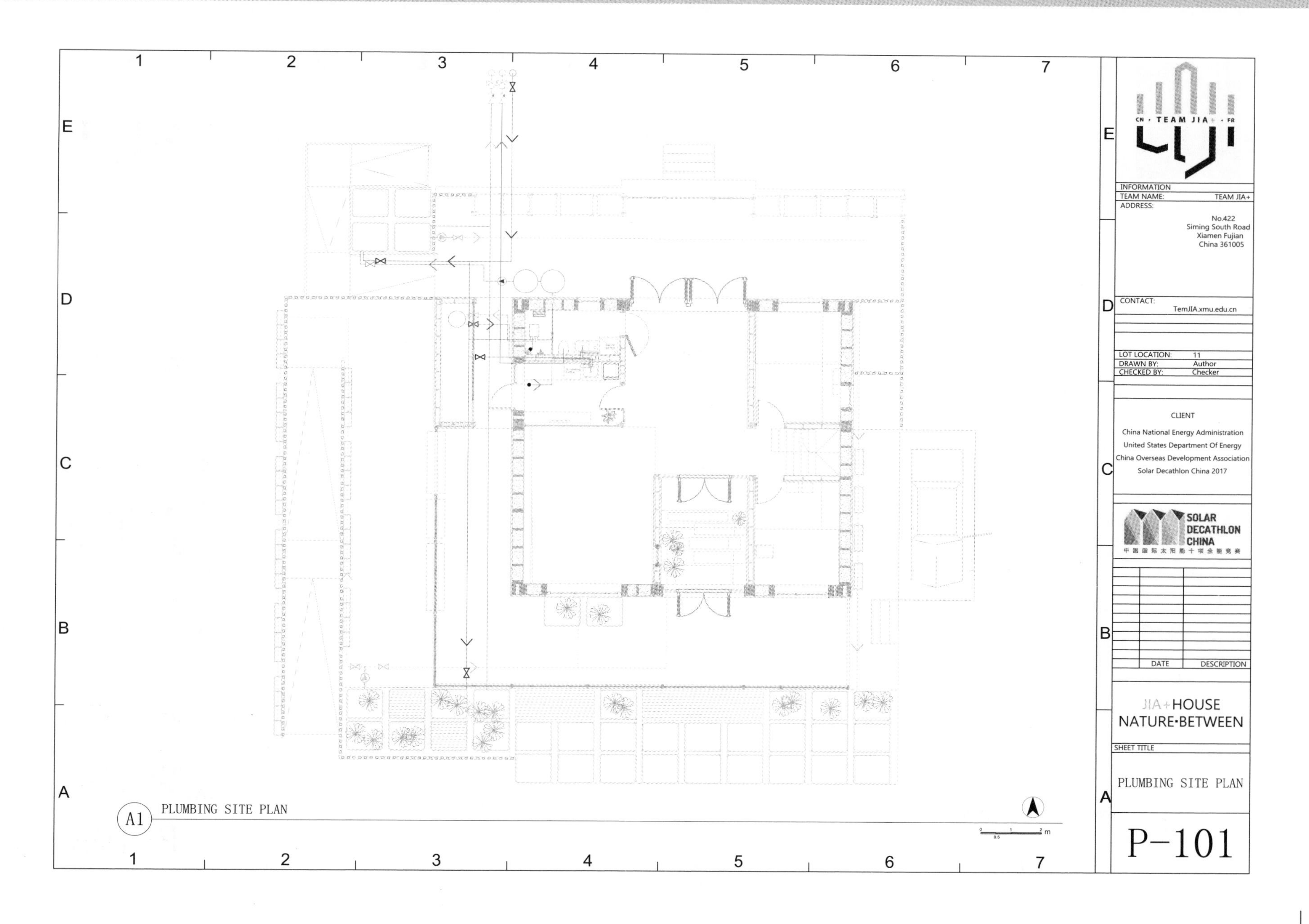

CN · TEAM JIA+ · FR
INFORMATION
TEAM NAME: TEAM JIA+
ADDRESS:
No.422
Siming South Road
Xiamen Fujian
China 361005
CONTACT: TemJIA.xmu.edu.cn
LOT LOCATION: 11
DRAWN BY: Author
CHECKED BY: Checker
CLIENT
China National Energy Administration
United States Department Of Energy
China Overseas Development Association
Solar Decathlon China 2017
SOLAR DECATHLON CHINA
DATE
DESCRIPTION
JIA+HOUSE
NATURE·BETWEEN
SHEET TITLE
PLUMBING SITE PLAN
P–101
A1
PLUMBING SITE PLAN

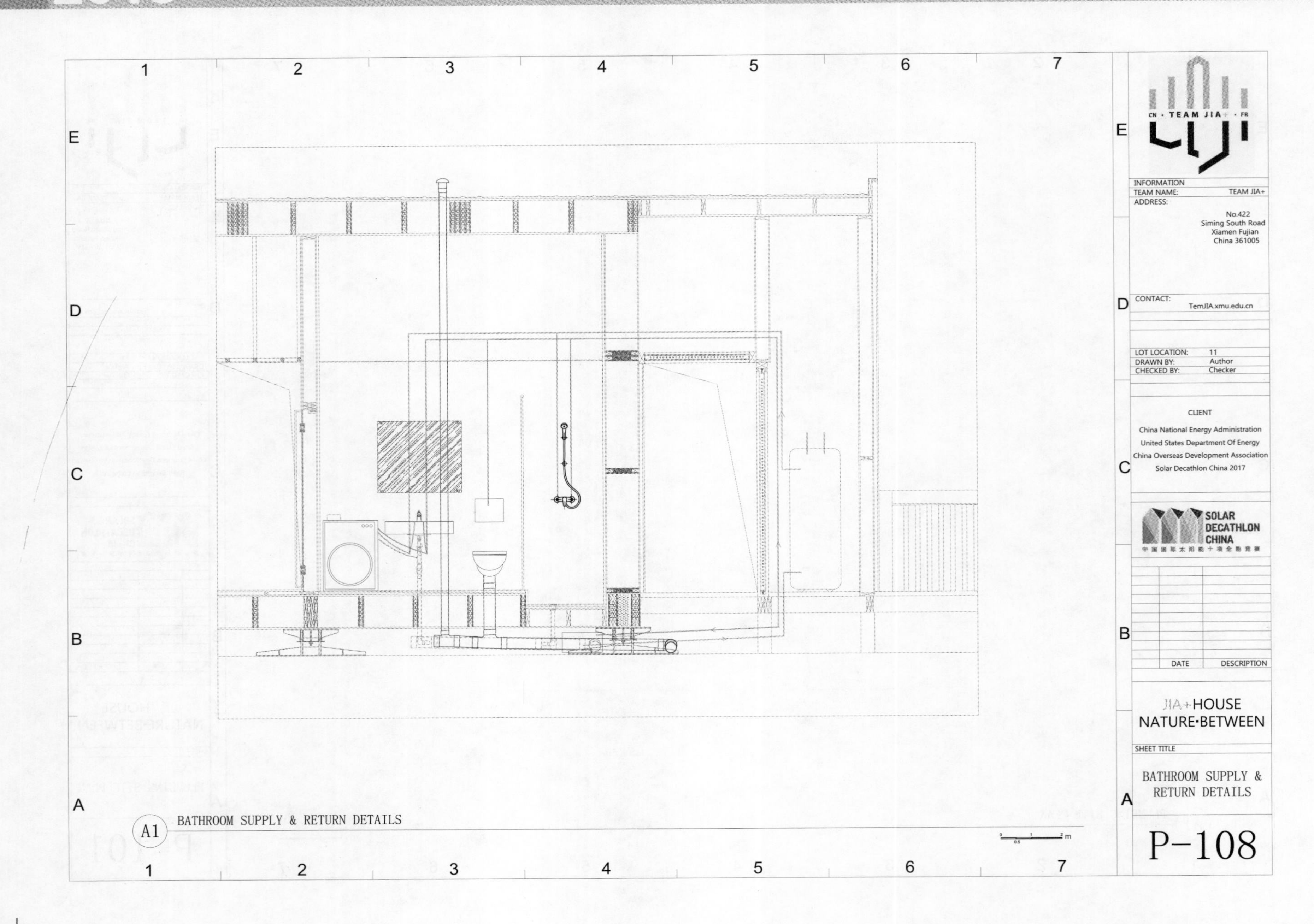
CN · TEAM JIA+ · FR
INFORMATION
TEAM NAME: TEAM JIA+
ADDRESS:
No.422
Siming South Road
Xiamen Fujian
China 361005
CONTACT: TemJIA.xmu.edu.cn
LOT LOCATION: 11
DRAWN BY: Author
CHECKED BY: Checker
CLIENT
China National Energy Administration
United States Department Of Energy
China Overseas Development Association
Solar Decathlon China 2017
SOLAR DECATHLON CHINA
DATE
DESCRIPTION
JIA+HOUSE
NATURE·BETWEEN
SHEET TITLE
BATHROOM SUPPLY & RETURN DETAILS
P-108
A1 BATHROOM SUPPLY & RETURN DETAILS

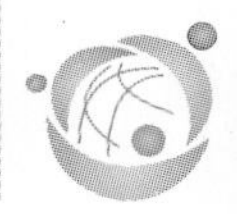

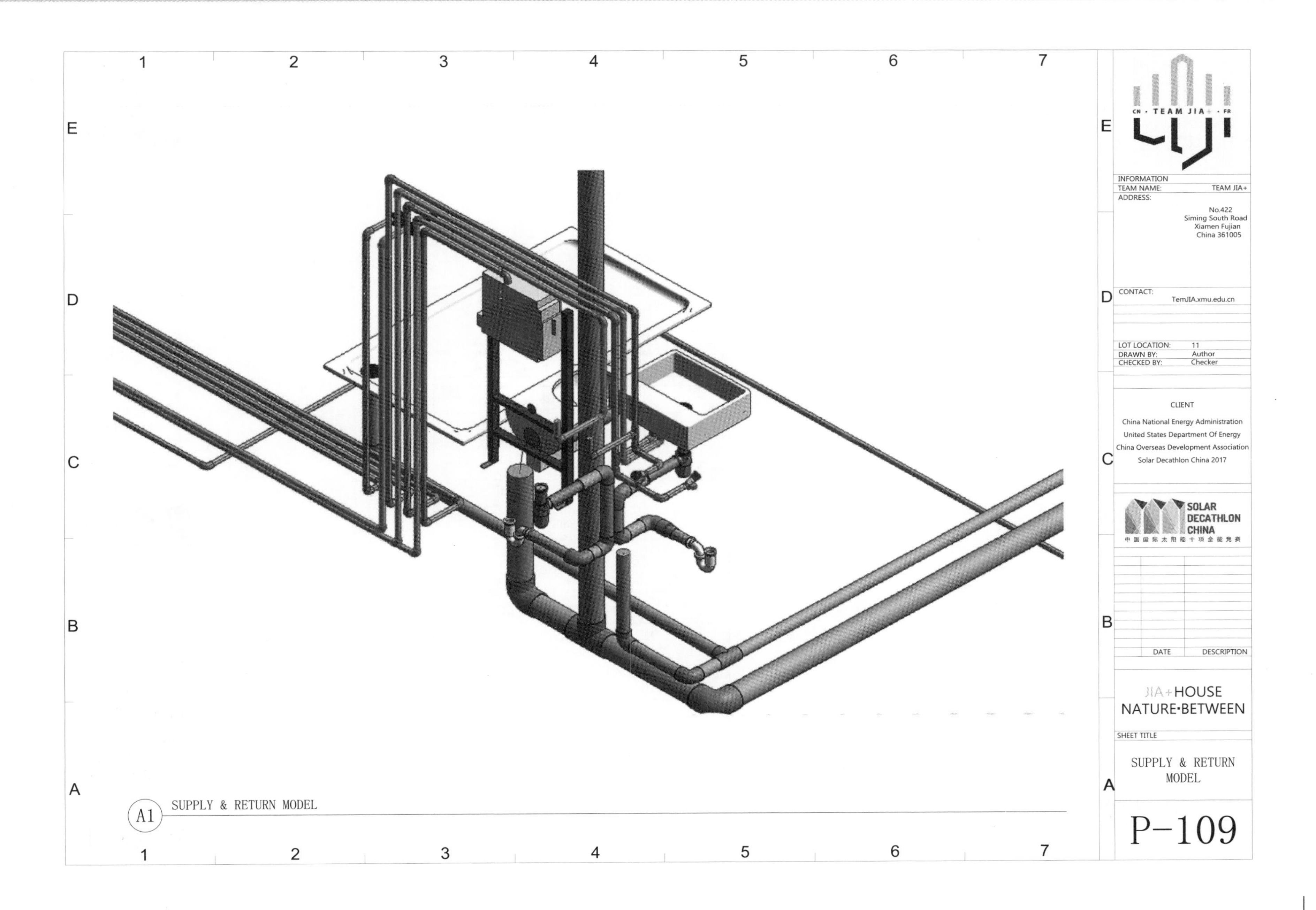

1
2
3
4
5
6
7
E
D
C
B
A
CN · TEAM JIA+ · FR
INFORMATION
TEAM NAME: TEAM JIA+
ADDRESS:
No.422
Siming South Road
Xiamen Fujian
China 361005
CONTACT:
TemJIA.xmu.edu.cn
LOT LOCATION: 11
DRAWN BY: Author
CHECKED BY: Checker
CLIENT
China National Energy Administration
United States Department Of Energy
China Overseas Development Association
Solar Decathlon China 2017
SOLAR
DECATHLON
CHINA
DATE
DESCRIPTION
JIA+HOUSE
NATURE•BETWEEN
SHEET TITLE
SUPPLY & RETURN
MODEL
P-109
A1
SUPPLY & RETURN MODEL

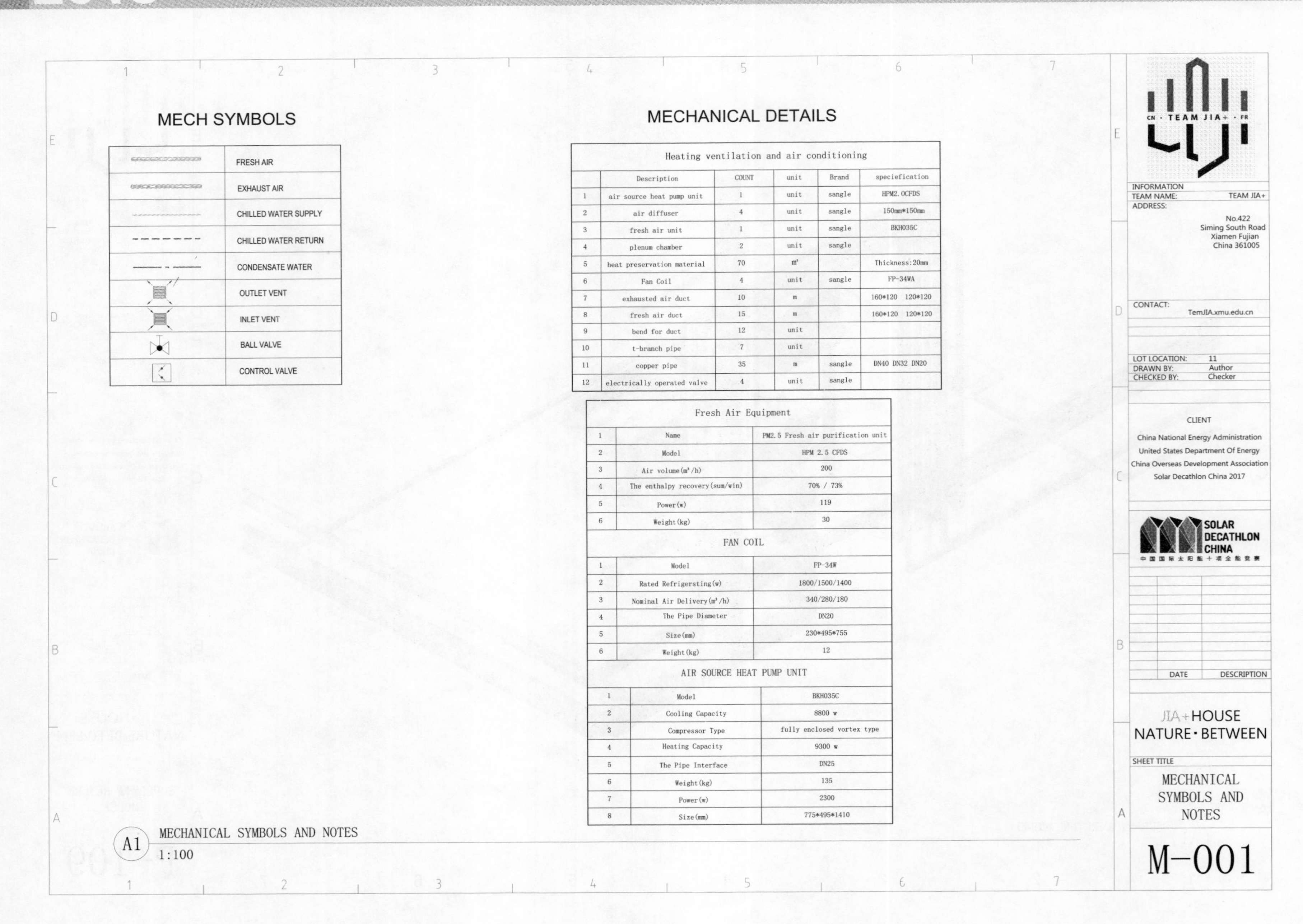

MECH SYMBOLS

Symbol	
	FRESH AIR
	EXHAUST AIR
	CHILLED WATER SUPPLY
	CHILLED WATER RETURN
	CONDENSATE WATER
	OUTLET VENT
	INLET VENT
	BALL VALVE
	CONTROL VALVE

MECHANICAL DETAILS

Heating ventilation and air conditioning

	Description	COUNT	unit	Brand	speciefication
1	air source heat pump unit	1	unit	sangle	HPM2. OCFDS
2	air diffuser	4	unit	sangle	150mm*150mm
3	fresh air unit	1	unit	sangle	BKH035C
4	plenum chamber	2	unit	sangle	
5	heat preservation material	70	m²		Thickness:20mm
6	Fan Coil	4	unit	sangle	FP-34WA
7	exhausted air duct	10	m		160*120 120*120
8	fresh air duct	15	m		160*120 120*120
9	bend for duct	12	unit		
10	t-branch pipe	7	unit		
11	copper pipe	35	m	sangle	DN40 DN32 DN20
12	electrically operated valve	4	unit	sangle	

Fresh Air Equipment

1	Name	PM2.5 Fresh air purification unit
2	Model	HPM 2.5 CFDS
3	Air volume(m³/h)	200
4	The enthalpy recovery(sum/win)	70% / 73%
5	Power(w)	119
6	Weight(kg)	30

FAN COIL

1	Model	FP-34W
2	Rated Refrigersting(w)	1800/1500/1400
3	Nominal Air Delivery(m³/h)	340/280/180
4	The Pipe Diameter	DN20
5	Size(mm)	230*495*755
6	Weight(kg)	12

AIR SOURCE HEAT PUMP UNIT

1	Model	BKH035C
2	Cooling Capacity	8800 w
3	Compressor Type	fully enclosed vortex type
4	Heating Capacity	9300 w
5	The Pipe Interface	DN25
6	Weight(kg)	135
7	Power(w)	2300
8	Size(mm)	775*495*1410

A1 MECHANICAL SYMBOLS AND NOTES
1:100

CN · TEAM JIA+ · FR

INFORMATION
TEAM NAME: TEAM JIA+
ADDRESS:
No.422
Siming South Road
Xiamen Fujian
China 361005

CONTACT:
TemJIA.xmu.edu.cn

LOT LOCATION: 11
DRAWN BY: Author
CHECKED BY: Checker

CLIENT
China National Energy Administration
United States Department Of Energy
China Overseas Development Association
Solar Decathlon China 2017

SOLAR DECATHLON CHINA
中国国际太阳能十项全能竞赛

DATE DESCRIPTION

JIA+HOUSE
NATURE·BETWEEN

SHEET TITLE
MECHANICAL SYMBOLS AND NOTES

M-001

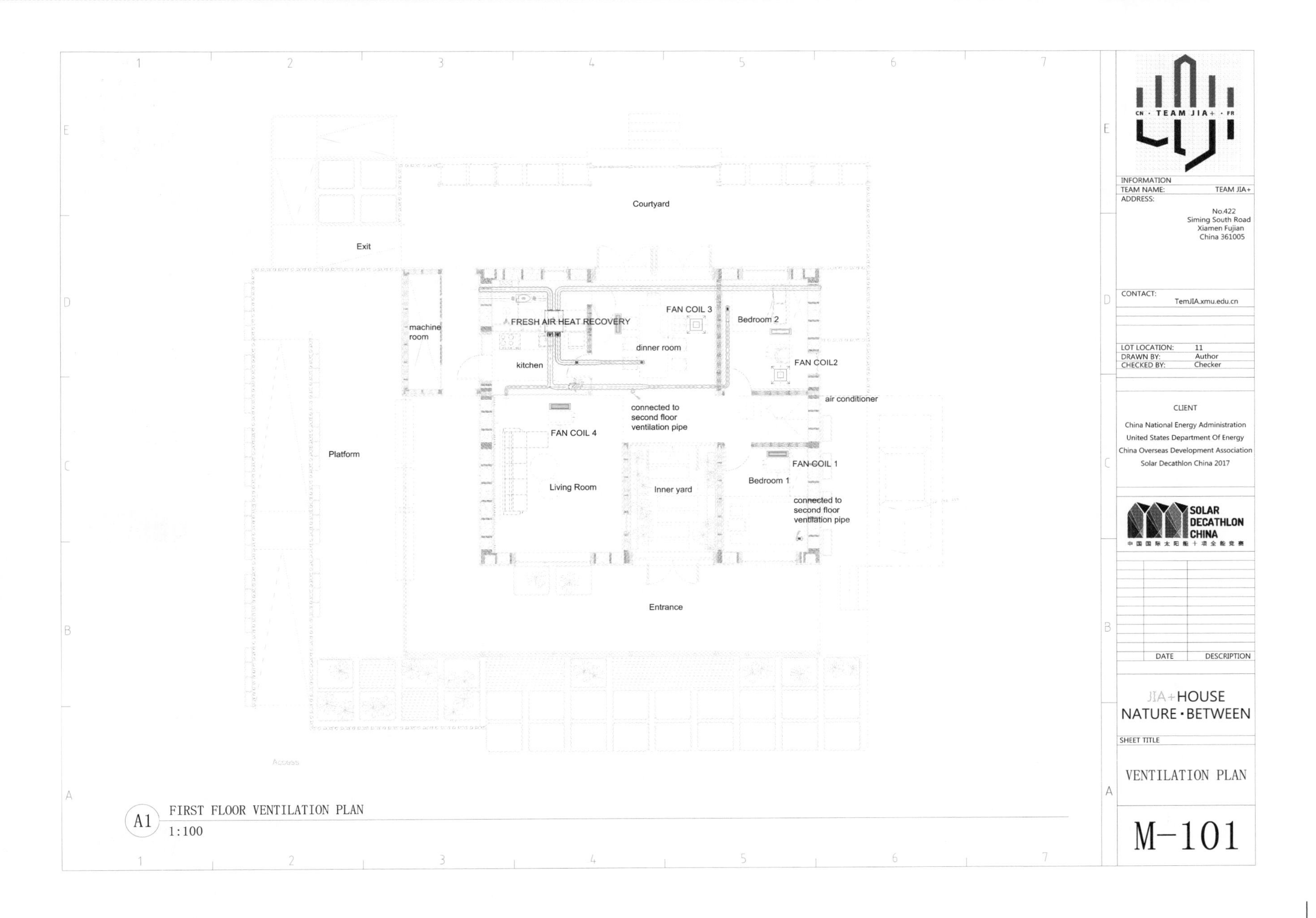

Courtyard
Exit
machine room
FRESH AIR HEAT RECOVERY
FAN COIL 3
Bedroom 2
dinner room
kitchen
FAN COIL2
air conditioner
connected to second floor ventilation pipe
FAN COIL 4
Platform
FAN COIL 1
Bedroom 1
Living Room
Inner yard
connected to second floor ventilation pipe
Entrance
A1
FIRST FLOOR VENTILATION PLAN
1:100
CN · TEAM JIA+ · FR
INFORMATION
TEAM NAME: TEAM JIA+
ADDRESS:
No.422
Siming South Road
Xiamen Fujian
China 361005
CONTACT:
TemJIA.xmu.edu.cn
LOT LOCATION: 11
DRAWN BY: Author
CHECKED BY: Checker
CLIENT
China National Energy Administration
United States Department Of Energy
China Overseas Development Association
Solar Decathlon China 2017
SOLAR DECATHLON CHINA
DATE
DESCRIPTION
JIA+HOUSE
NATURE·BETWEEN
SHEET TITLE
VENTILATION PLAN
M-101

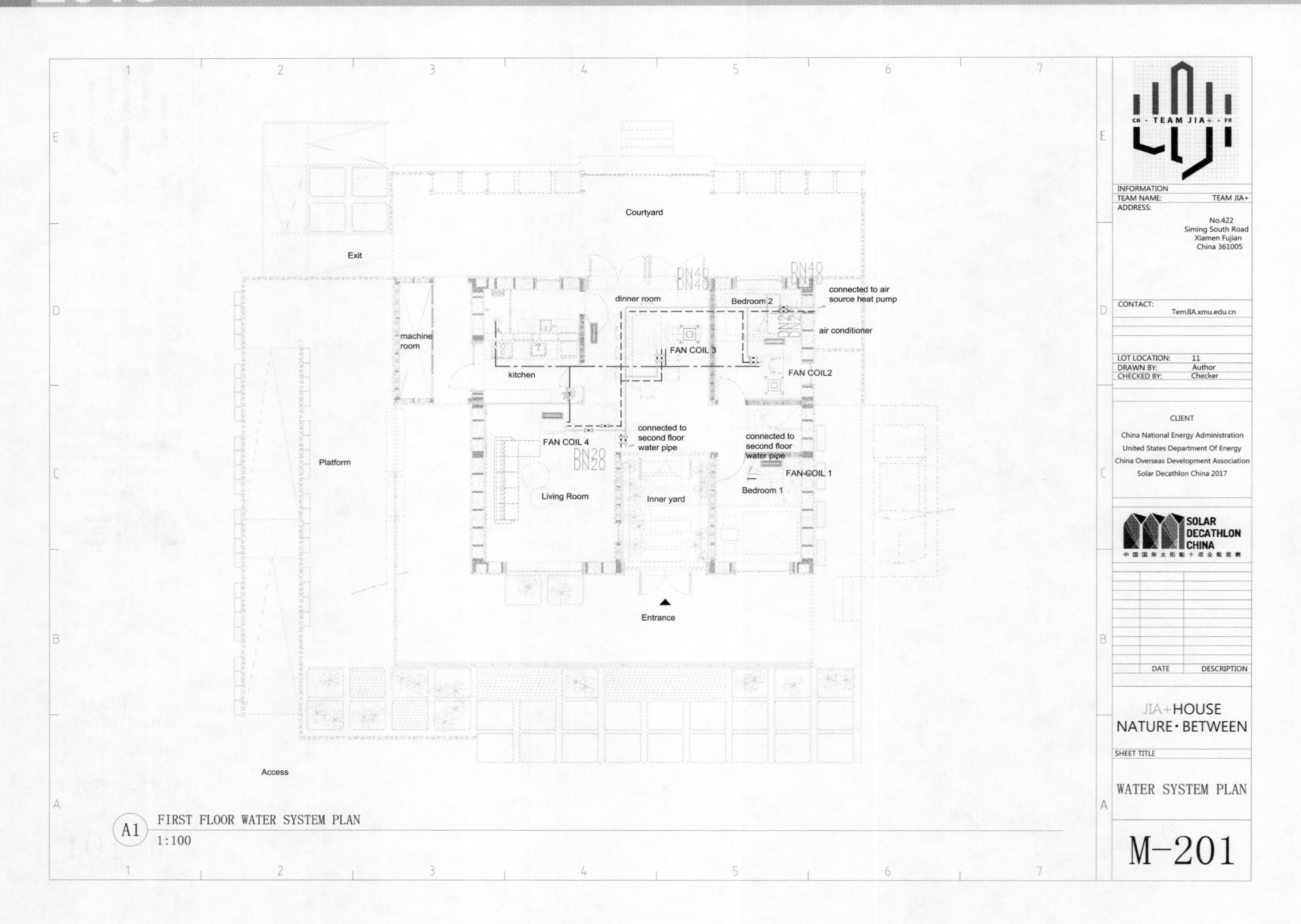
Courtyard
Exit
dinner room
Bedroom 2
connected to air source heat pump
air conditioner
machine room
FAN COIL 3
FAN COIL2
kitchen
FAN COIL 4
connected to second floor water pipe
connected to second floor water pipe
FAN COIL 1
Platform
Living Room
Inner yard
Bedroom 1
Entrance
Access
DN40
DN20
A1 FIRST FLOOR WATER SYSTEM PLAN
1:100
INFORMATION
TEAM NAME: TEAM JIA+
ADDRESS:
No.422
Siming South Road
Xiamen Fujian
China 361005
CONTACT:
TemJIA.xmu.edu.cn
LOT LOCATION: 11
DRAWN BY: Author
CHECKED BY: Checker
CLIENT
China National Energy Administration
United States Department Of Energy
China Overseas Development Association
Solar Decathlon China 2017
SOLAR DECATHLON CHINA
DATE
DESCRIPTION
JIA+HOUSE
NATURE・BETWEEN
SHEET TITLE
WATER SYSTEM PLAN
M-201

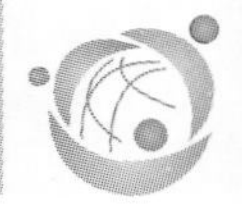

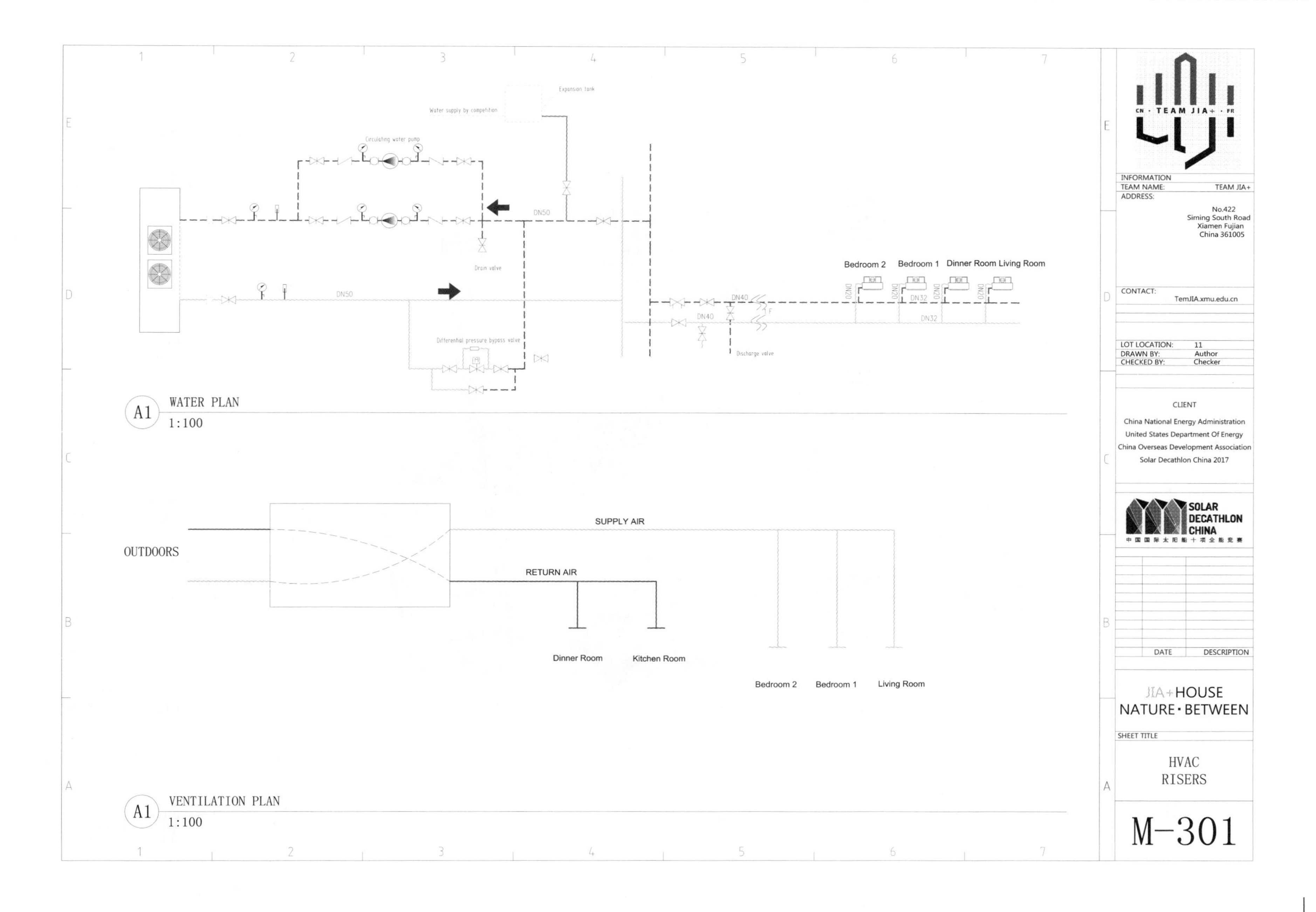

Expansion tank
Water supply by competition
Circulating water pump
DN50
Drain valve
Bedroom 2
Bedroom 1
Dinner Room
Living Room
DN50
DN40
DN20
DN32
Differential pressure bypass valve
Discharge valve
A1
WATER PLAN
1:100
OUTDOORS
SUPPLY AIR
RETURN AIR
Dinner Room
Kitchen Room
Bedroom 2
Bedroom 1
Living Room
A1
VENTILATION PLAN
1:100
CN · TEAM JIA+ · FR
INFORMATION
TEAM NAME: TEAM JIA+
ADDRESS:
No.422
Siming South Road
Xiamen Fujian
China 361005
CONTACT:
TemJIA.xmu.edu.cn
LOT LOCATION: 11
DRAWN BY: Author
CHECKED BY: Checker
CLIENT
China National Energy Administration
United States Department Of Energy
China Overseas Development Association
Solar Decathlon China 2017
SOLAR DECATHLON CHINA
DATE
DESCRIPTION
JIA+HOUSE
NATURE·BETWEEN
SHEET TITLE
HVAC
RISERS
M-301

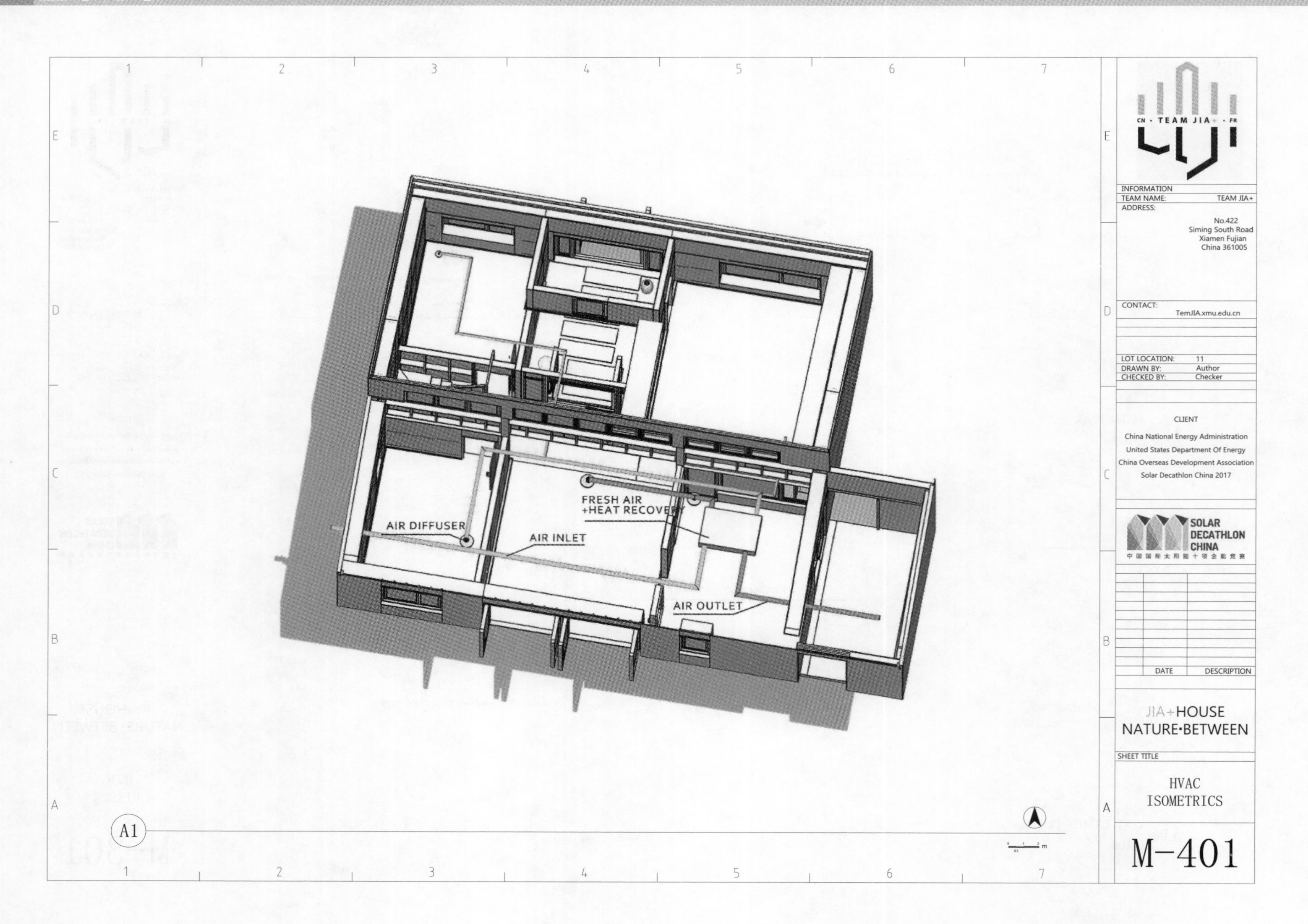

CN · TEAM JIA+ · FR
INFORMATION
TEAM NAME: TEAM JIA+
ADDRESS:
No.422
Siming South Road
Xiamen Fujian
China 361005
CONTACT:
TemJIA.xmu.edu.cn
LOT LOCATION: 11
DRAWN BY: Author
CHECKED BY: Checker
CLIENT
China National Energy Administration
United States Department Of Energy
China Overseas Development Association
Solar Decathlon China 2017
SOLAR DECATHLON CHINA
DATE
DESCRIPTION
JIA+HOUSE
NATURE·BETWEEN
SHEET TITLE
HVAC
ISOMETRICS
M-401
AIR DIFFUSER
FRESH AIR
+HEAT RECOVERY
AIR INLET
AIR OUTLET
A1

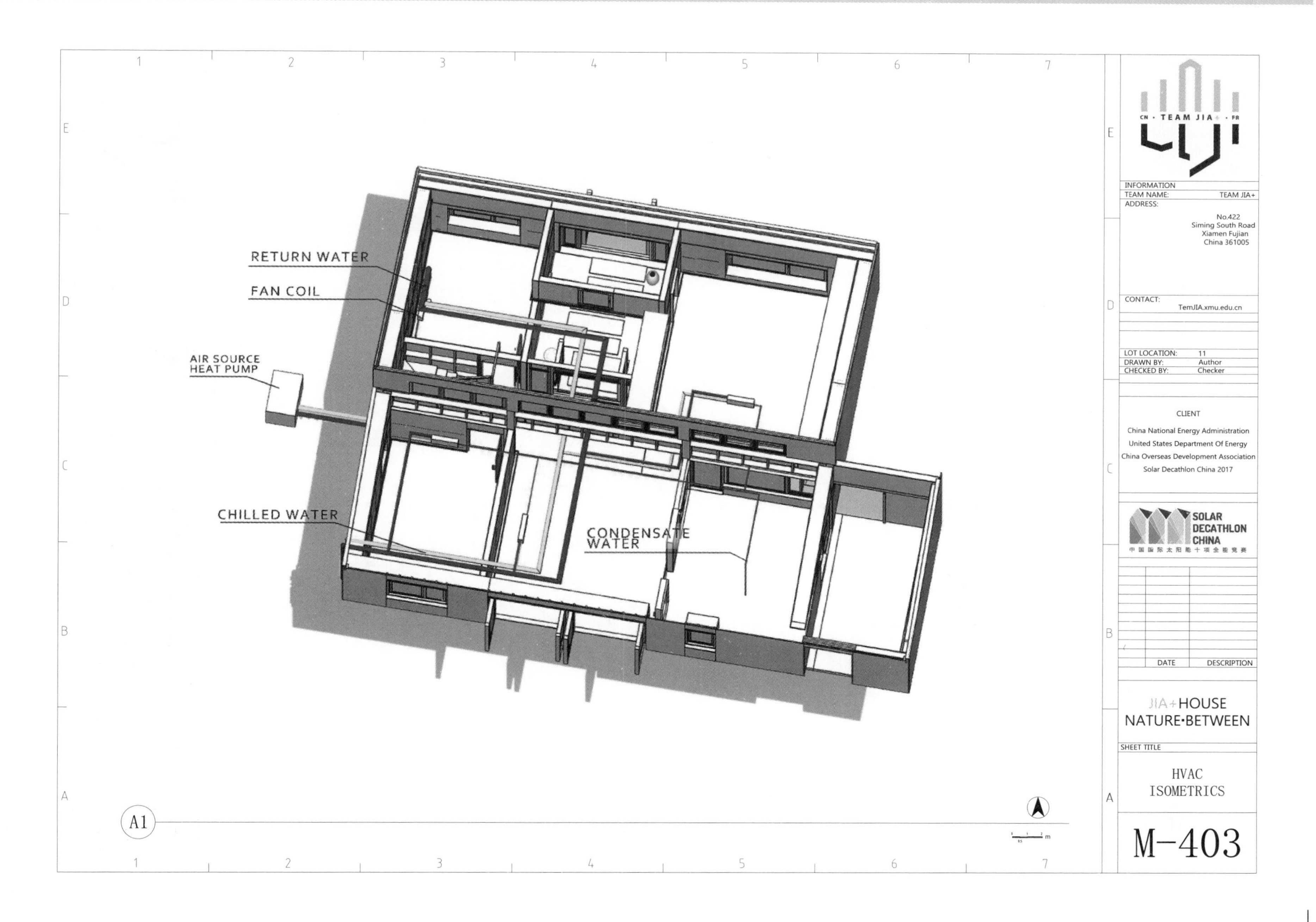
RETURN WATER
FAN COIL
AIR SOURCE HEAT PUMP
CHILLED WATER
CONDENSATE WATER
CN · TEAM JIA+ · FR
INFORMATION
TEAM NAME: TEAM JIA+
ADDRESS:
No.422
Siming South Road
Xiamen Fujian
China 361005
CONTACT: TemJIA.xmu.edu.cn
LOT LOCATION: 11
DRAWN BY: Author
CHECKED BY: Checker
CLIENT
China National Energy Administration
United States Department Of Energy
China Overseas Development Association
Solar Decathlon China 2017
SOLAR DECATHLON CHINA
DATE
DESCRIPTION
JIA+HOUSE
NATURE·BETWEEN
SHEET TITLE
HVAC
ISOMETRICS
M-403
A1

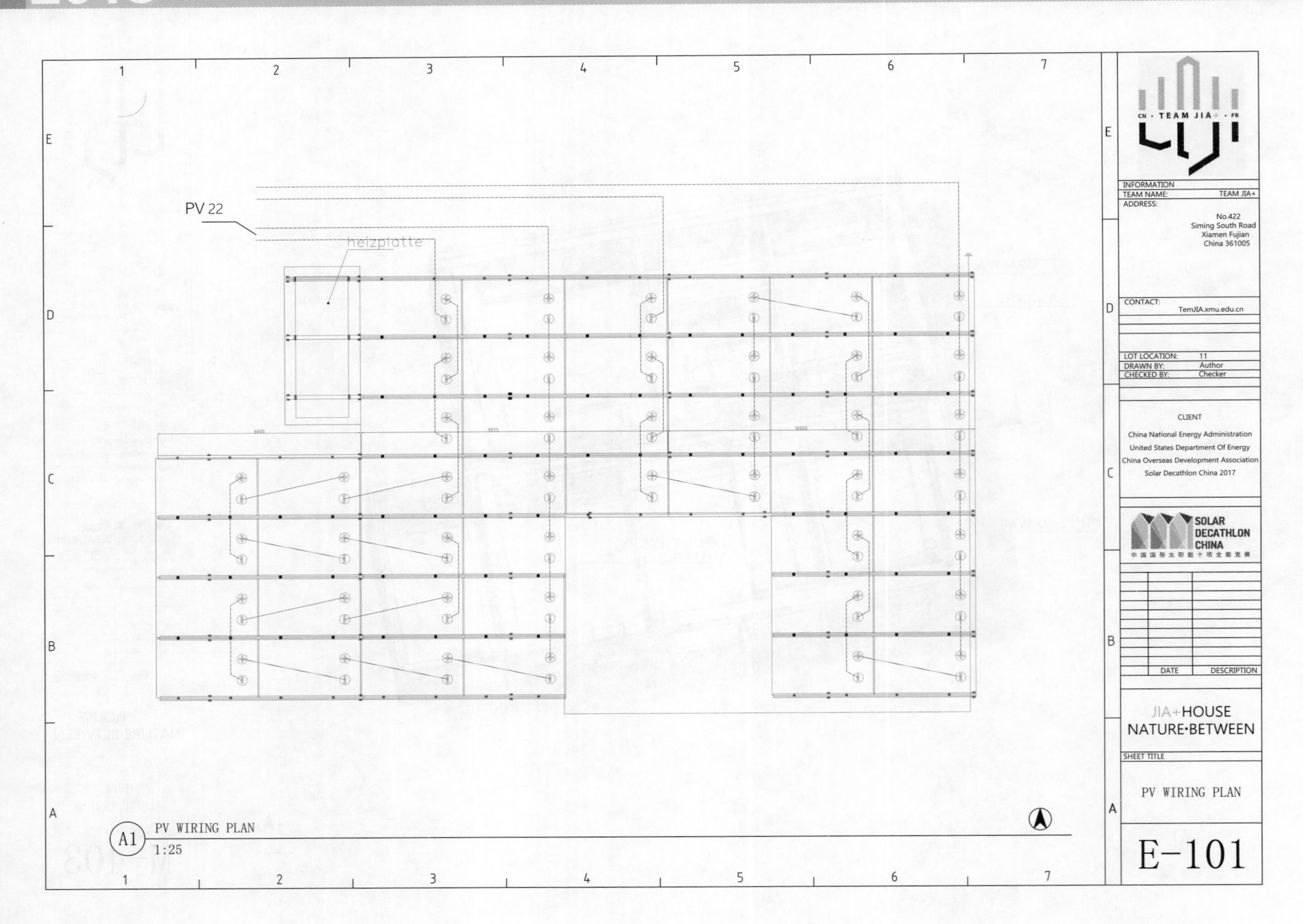
PV 22
heizplatte
CN · TEAM JIA+ · FR
INFORMATION
TEAM NAME: TEAM JIA+
ADDRESS:
No.422
Siming South Road
Xiamen Fujian
China 361005
CONTACT:
TemJIA.xmu.edu.cn
LOT LOCATION: 11
DRAWN BY: Author
CHECKED BY: Checker
CLIENT
China National Energy Administration
United States Department Of Energy
China Overseas Development Association
Solar Decathlon China 2017
SOLAR DECATHLON CHINA
DATE
DESCRIPTION
JIA+HOUSE
NATURE·BETWEEN
SHEET TITLE
PV WIRING PLAN
E-101
A1
PV WIRING PLAN
1:25

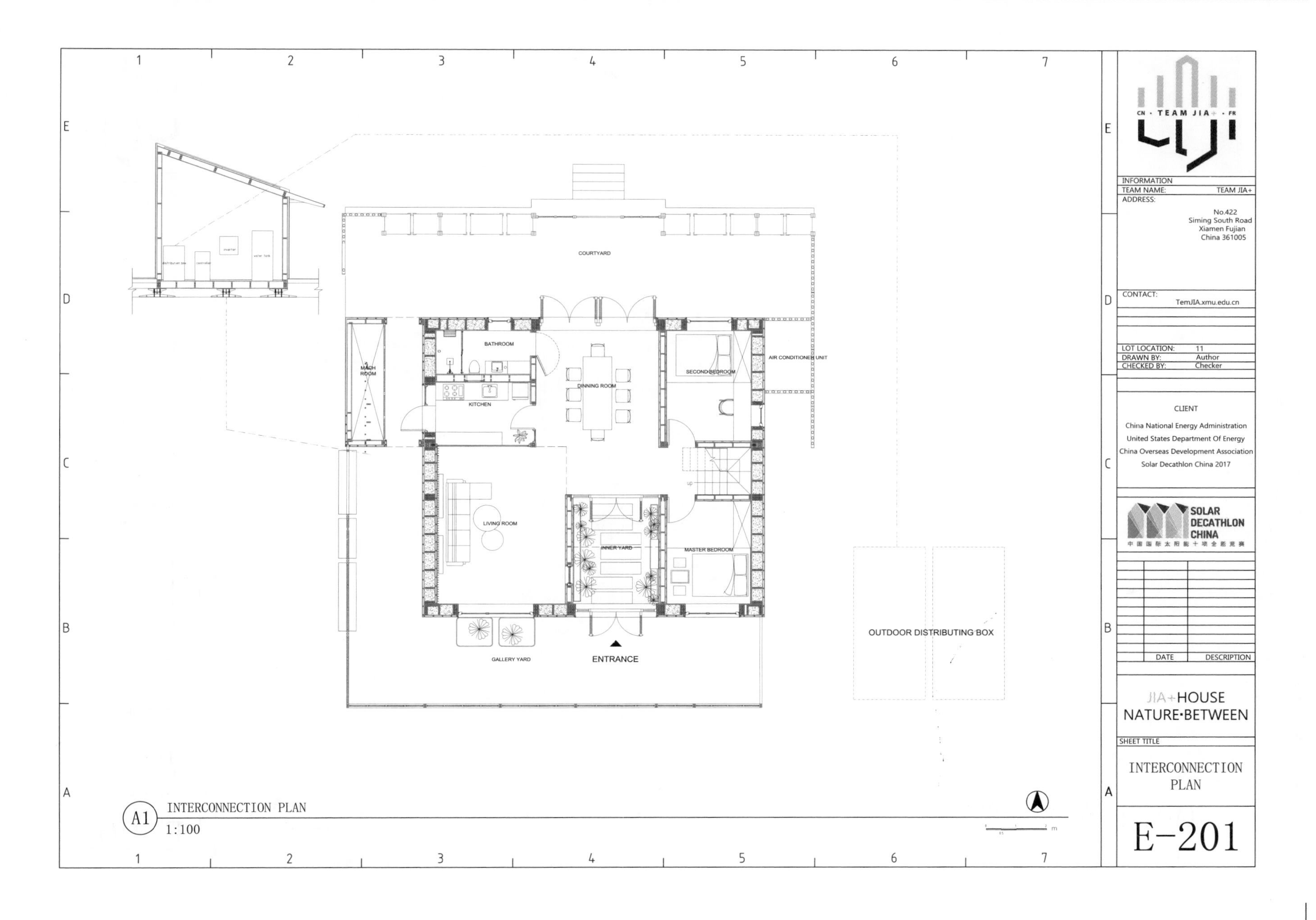

1 2 3 4 5 6 7
E D C B A
COURTYARD
BATHROOM
MACH ROOM
KITCHEN
DINNING ROOM
SECOND BEDROOM
AIR CONDITIONER UNIT
LIVING ROOM
INNER YARD
MASTER BEDROOM
GALLERY YARD
ENTRANCE
OUTDOOR DISTRIBUTING BOX
A1 INTERCONNECTION PLAN
1:100
CN · TEAM JIA+ · FR
INFORMATION
TEAM NAME: TEAM JIA+
ADDRESS:
No.422
Siming South Road
Xiamen Fujian
China 361005
CONTACT:
TemJIA.xmu.edu.cn
LOT LOCATION: 11
DRAWN BY: Author
CHECKED BY: Checker
CLIENT
China National Energy Administration
United States Department Of Energy
China Overseas Development Association
Solar Decathlon China 2017
SOLAR DECATHLON CHINA
DATE
DESCRIPTION
JIA+HOUSE
NATURE·BETWEEN
SHEET TITLE
INTERCONNECTION PLAN
E-201

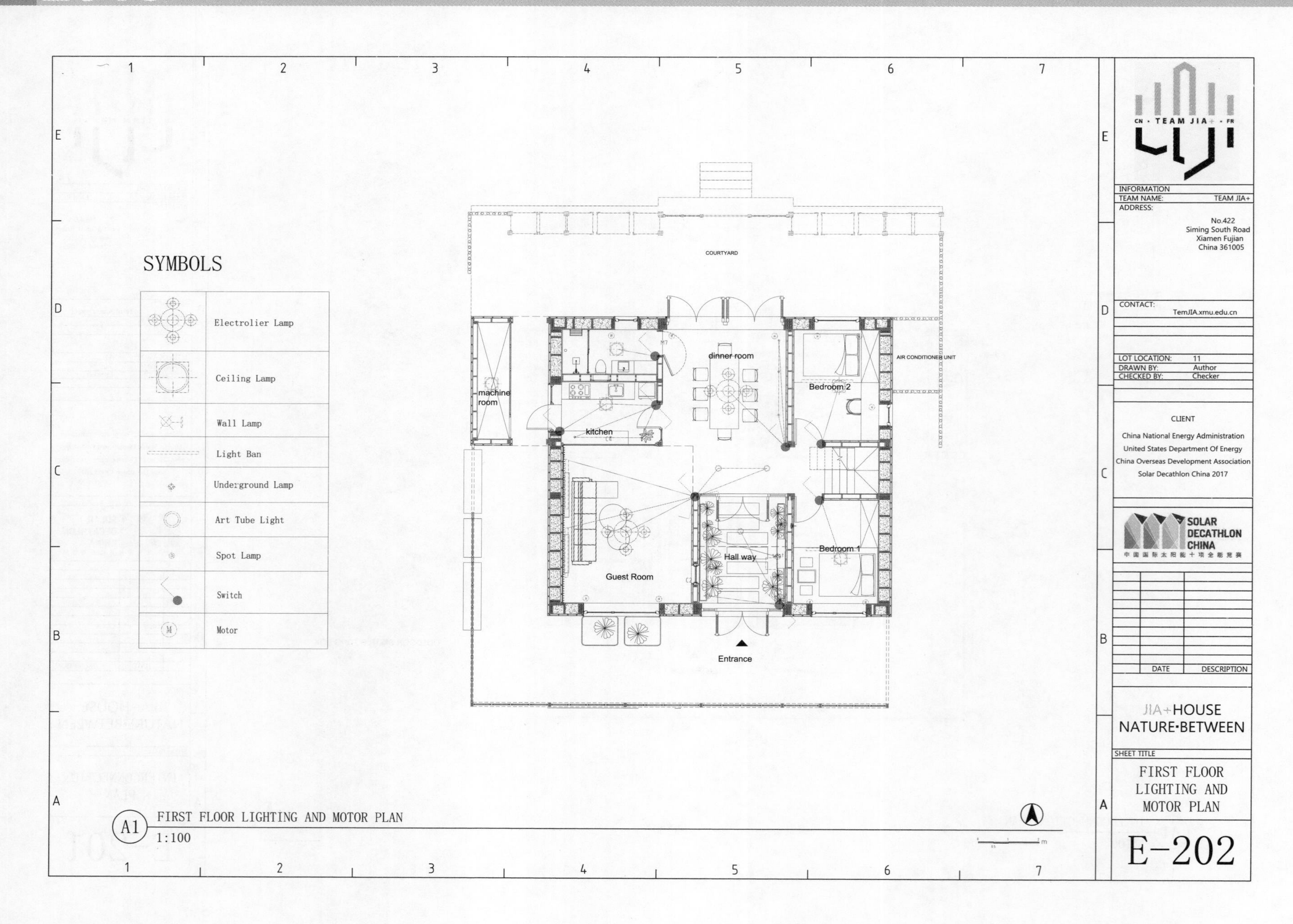
SYMBOLS
Electrolier Lamp
Ceiling Lamp
Wall Lamp
Light Ban
Underground Lamp
Art Tube Light
Spot Lamp
Switch
Motor
COURTYARD
machine room
kitchen
dinner room
Bedroom 2
AIR CONDITIONER UNIT
Guest Room
Hall way
Bedroom 1
Entrance
A1 FIRST FLOOR LIGHTING AND MOTOR PLAN
1:100
INFORMATION
TEAM NAME: TEAM JIA+
ADDRESS:
No.422
Siming South Road
Xiamen Fujian
China 361005
CONTACT:
TemJIA.xmu.edu.cn
LOT LOCATION: 11
DRAWN BY: Author
CHECKED BY: Checker
CLIENT
China National Energy Administration
United States Department Of Energy
China Overseas Development Association
Solar Decathlon China 2017
SOLAR DECATHLON CHINA
DATE
DESCRIPTION
JIA+HOUSE
NATURE·BETWEEN
SHEET TITLE
FIRST FLOOR LIGHTING AND MOTOR PLAN
E-202

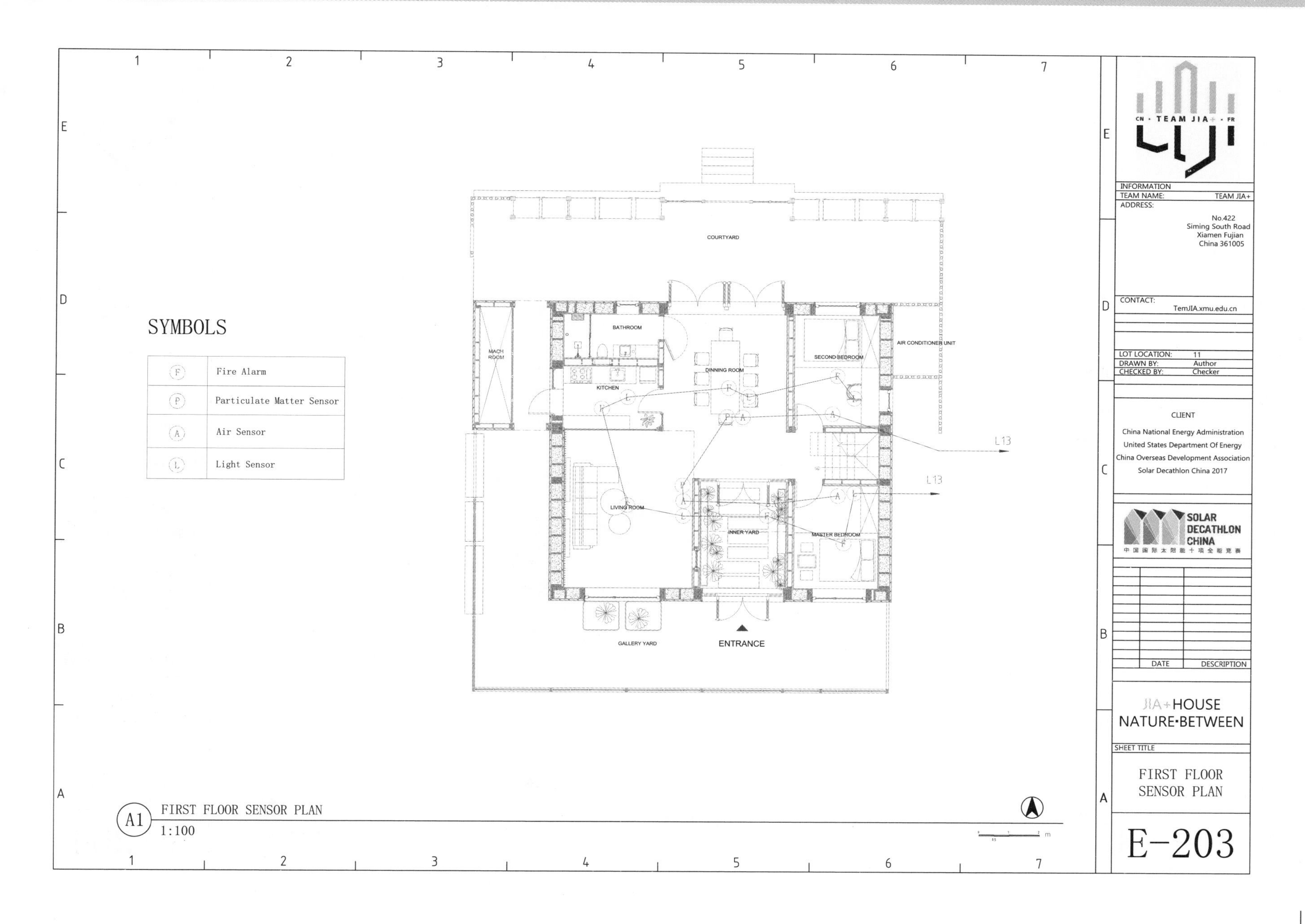
SYMBOLS
F Fire Alarm
P Particulate Matter Sensor
A Air Sensor
L Light Sensor
COURTYARD
BATHROOM
KITCHEN
DINNING ROOM
SECOND BEDROOM
AIR CONDITIONER UNIT
MACH ROOM
LIVING ROOM
INNER YARD
MASTER BEDROOM
GALLERY YARD
ENTRANCE
L13
A1 FIRST FLOOR SENSOR PLAN
1:100
CN · TEAM JIA+ · FR
INFORMATION
TEAM NAME: TEAM JIA+
ADDRESS:
No.422
Siming South Road
Xiamen Fujian
China 361005
CONTACT: TemJIA.xmu.edu.cn
LOT LOCATION: 11
DRAWN BY: Author
CHECKED BY: Checker
CLIENT
China National Energy Administration
United States Department Of Energy
China Overseas Development Association
Solar Decathlon China 2017
SOLAR DECATHLON CHINA
DATE
DESCRIPTION
JIA+HOUSE
NATURE·BETWEEN
SHEET TITLE
FIRST FLOOR SENSOR PLAN
E-203

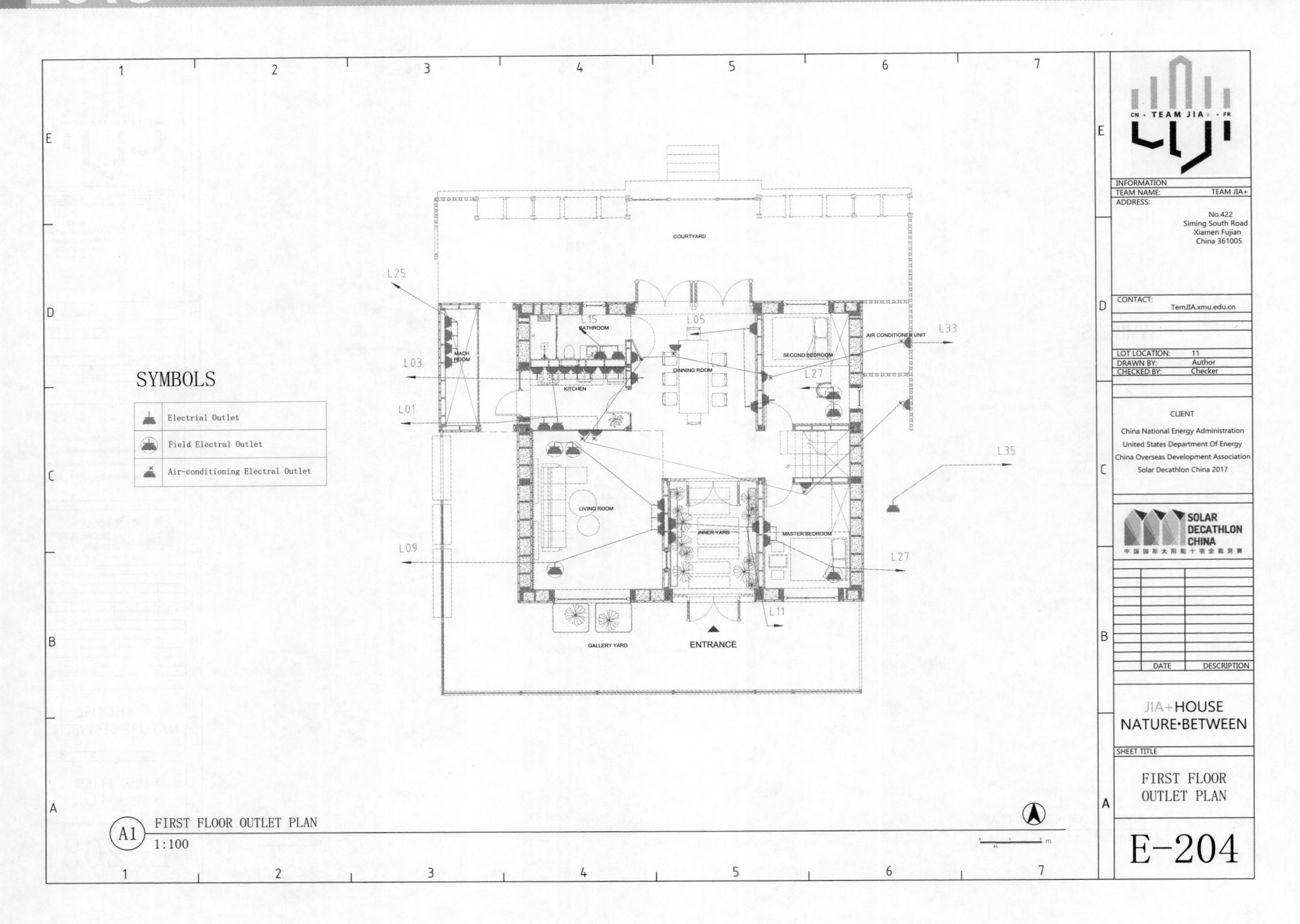
SYMBOLS
Electrical Outlet
Field Electral Outlet
Air-conditioning Electral Outlet
COURTYARD
BATHROOM
KITCHEN
MACH ROOM
DINNING ROOM
SECOND BEDROOM
AIR CONDITIONER UNIT
LIVING ROOM
INNER YARD
MASTER BEDROOM
GALLERY YARD
ENTRANCE
L25
L03
L01
L09
L15
L05
L27
L33
L35
L11
INFORMATION
TEAM NAME: TEAM JIA+
ADDRESS:
No.422
Siming South Road
Xiamen Fujian
China 361005
CONTACT:
TemJIA.xmu.edu.cn
LOT LOCATION: 11
DRAWN BY: Author
CHECKED BY: Checker
CLIENT
China National Energy Administration
United States Department Of Energy
China Overseas Development Association
Solar Decathlon China 2017
SOLAR DECATHLON CHINA
DATE
DESCRIPTION
JIA+HOUSE
NATURE·BETWEEN
SHEET TITLE
FIRST FLOOR OUTLET PLAN
E-204
A1
FIRST FLOOR OUTLET PLAN
1:100

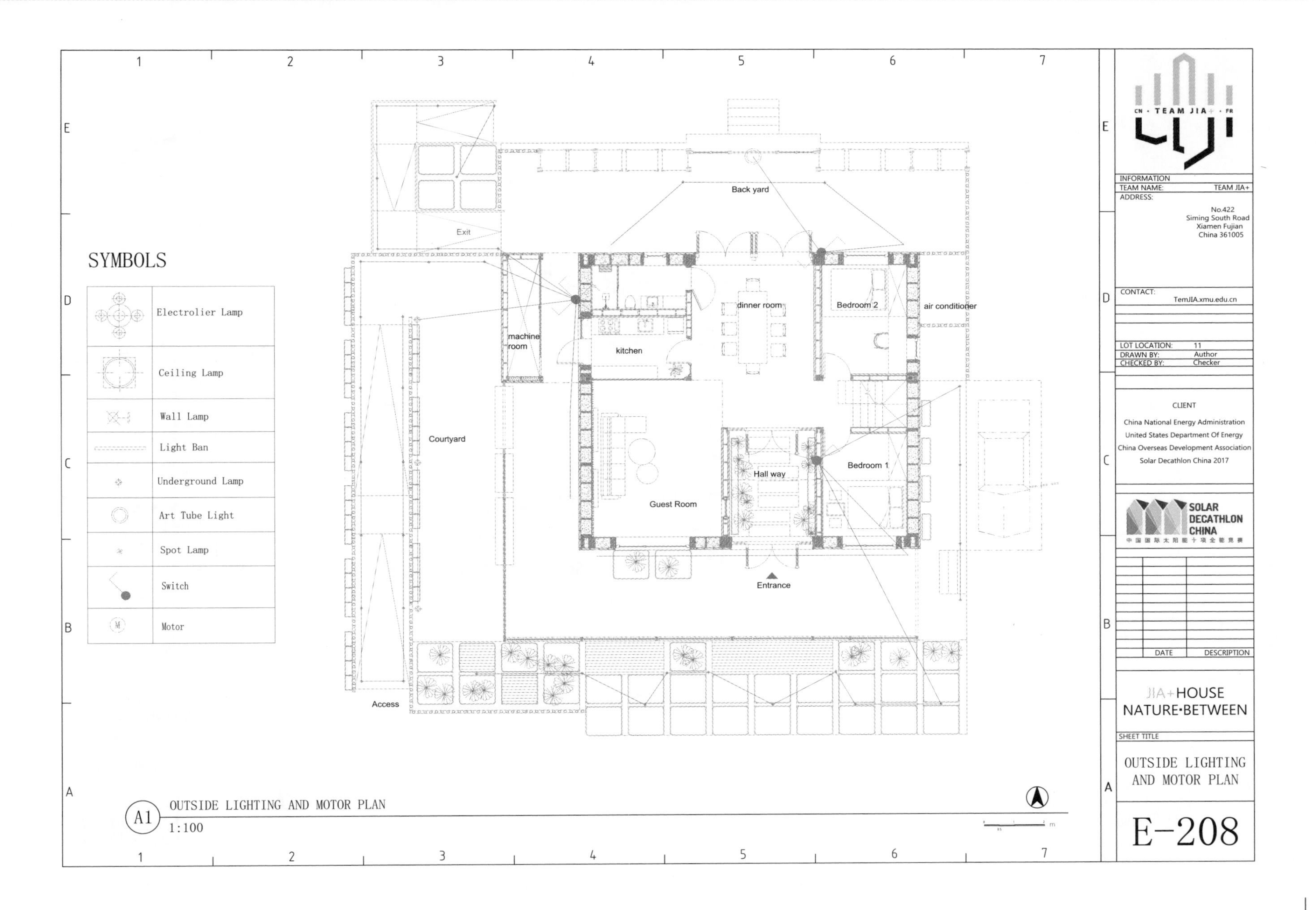
SYMBOLS
Electrolier Lamp
Ceiling Lamp
Wall Lamp
Light Ban
Underground Lamp
Art Tube Light
Spot Lamp
Switch
Motor
Back yard
Exit
dinner room
Bedroom 2
air conditioner
machine room
kitchen
Courtyard
Hall way
Bedroom 1
Guest Room
Entrance
Access
A1 OUTSIDE LIGHTING AND MOTOR PLAN
1:100
CN · TEAM JIA+ · FR
INFORMATION
TEAM NAME: TEAM JIA+
ADDRESS:
No.422
Siming South Road
Xiamen Fujian
China 361005
CONTACT:
TemJIA.xmu.edu.cn
LOT LOCATION: 11
DRAWN BY: Author
CHECKED BY: Checker
CLIENT
China National Energy Administration
United States Department Of Energy
China Overseas Development Association
Solar Decathlon China 2017
SOLAR DECATHLON CHINA
DATE
DESCRIPTION
JIA+HOUSE
NATURE·BETWEEN
SHEET TITLE
OUTSIDE LIGHTING AND MOTOR PLAN
E-208

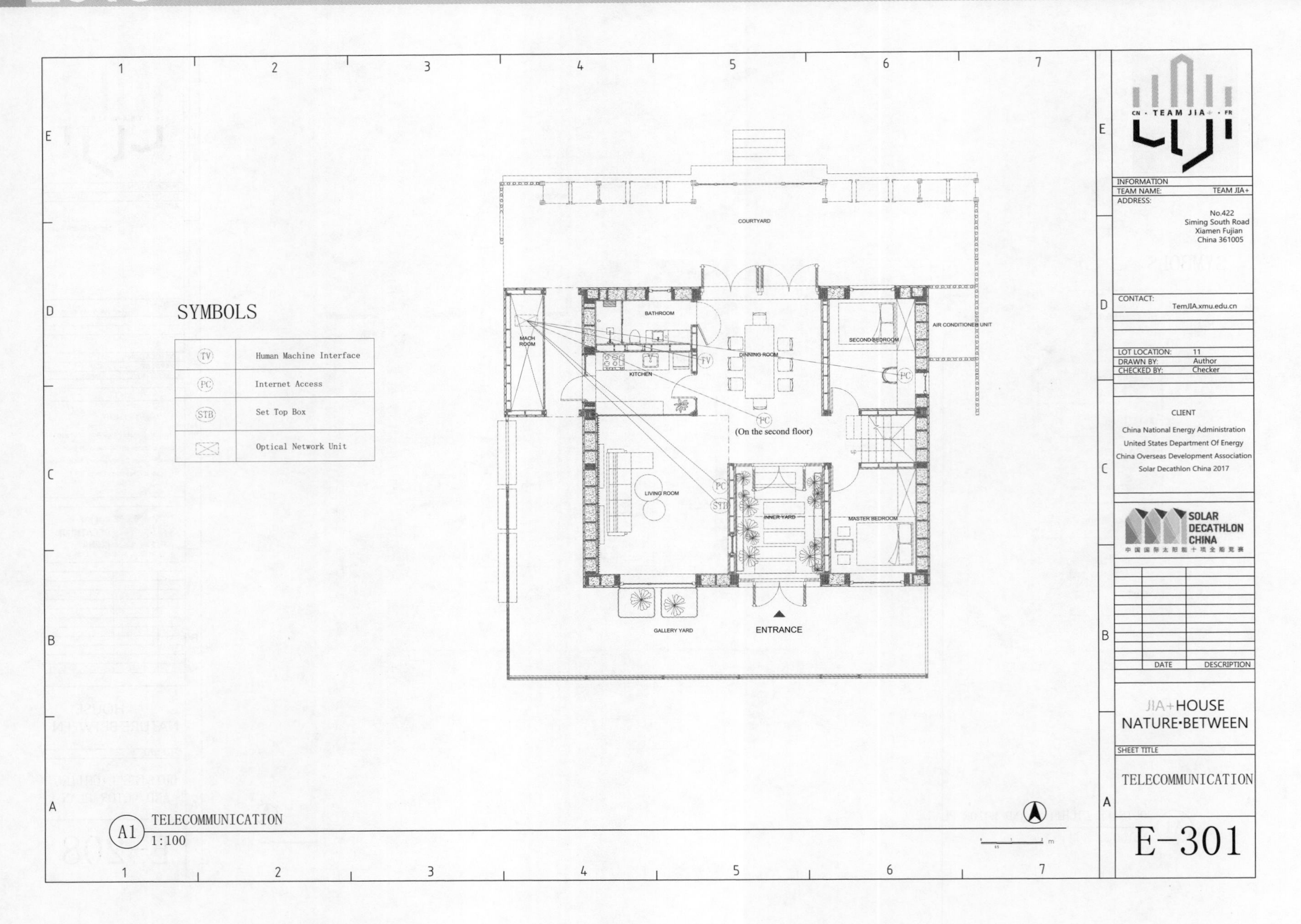
SYMBOLS
TV Human Machine Interface
PC Internet Access
STB Set Top Box
Optical Network Unit
COURTYARD
BATHROOM
MACH ROOM
KITCHEN
DINNING ROOM
SECOND BEDROOM
AIR CONDITIONER UNIT
(On the second floor)
LIVING ROOM
INNER YARD
MASTER BEDROOM
GALLERY YARD
ENTRANCE
CN · TEAM JIA+ · FR
INFORMATION
TEAM NAME: TEAM JIA+
ADDRESS:
No.422
Siming South Road
Xiamen Fujian
China 361005
CONTACT:
TemJIA.xmu.edu.cn
LOT LOCATION: 11
DRAWN BY: Author
CHECKED BY: Checker
CLIENT
China National Energy Administration
United States Department Of Energy
China Overseas Development Association
Solar Decathlon China 2017
SOLAR DECATHLON CHINA
DATE
DESCRIPTION
JIA+HOUSE
NATURE·BETWEEN
SHEET TITLE
TELECOMMUNICATION
E-301
A1 TELECOMMUNICATION
1:100

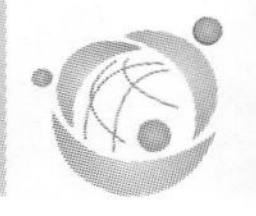

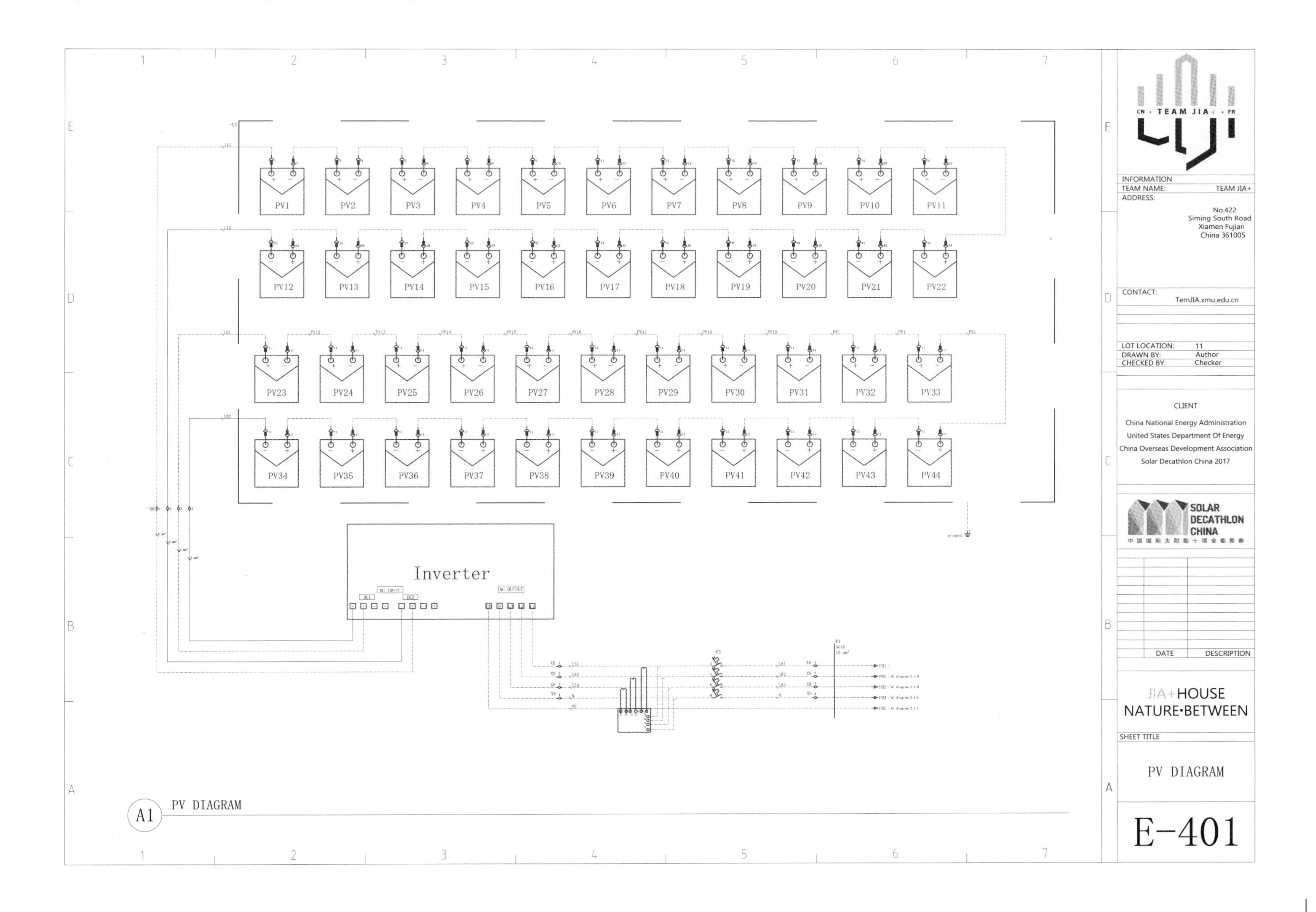

PV1
PV2
PV3
PV4
PV5
PV6
PV7
PV8
PV9
PV10
PV11
PV12
PV13
PV14
PV15
PV16
PV17
PV18
PV19
PV20
PV21
PV22
PV23
PV24
PV25
PV26
PV27
PV28
PV29
PV30
PV31
PV32
PV33
PV34
PV35
PV36
PV37
PV38
PV39
PV40
PV41
PV42
PV43
PV44
Inverter
DC INPUT
DC1
DC2
AC OUTPUT
A1 PV DIAGRAM
CN · TEAM JIA+ · FR
INFORMATION
TEAM NAME: TEAM JIA+
ADDRESS:
No.422
Siming South Road
Xiamen Fujian
China 361005
CONTACT:
TemJIA.xmu.edu.cn
LOT LOCATION: 11
DRAWN BY: Author
CHECKED BY: Checker
CLIENT
China National Energy Administration
United States Department Of Energy
China Overseas Development Association
Solar Decathlon China 2017
SOLAR
DECATHLON
CHINA
DATE
DESCRIPTION
JIA+HOUSE
NATURE·BETWEEN
SHEET TITLE
PV DIAGRAM
E-401

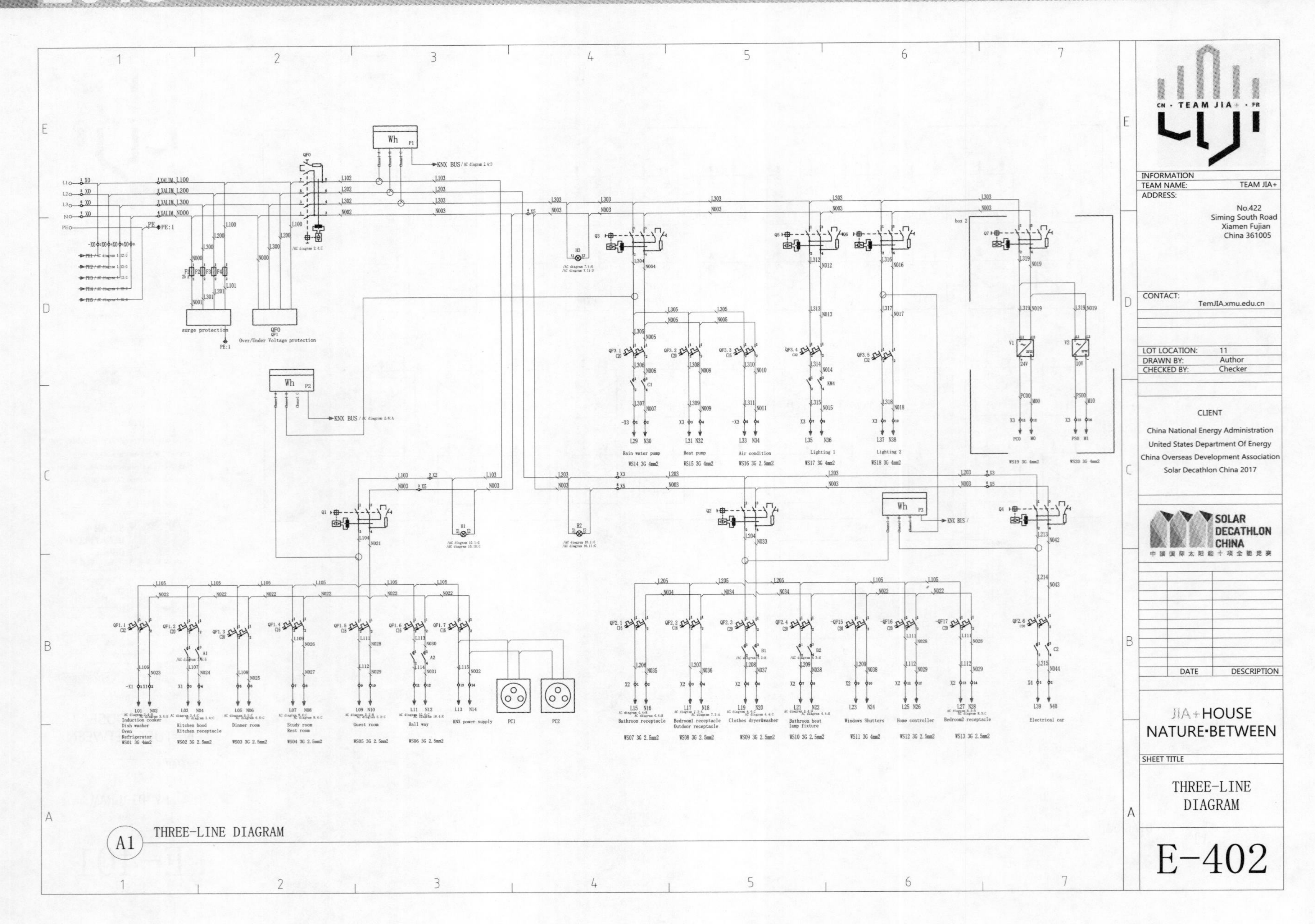

CN · TEAM JIA+ · FR
INFORMATION
TEAM NAME: TEAM JIA+
ADDRESS:
No.422
Siming South Road
Xiamen Fujian
China 361005
CONTACT:
TemJIA.xmu.edu.cn
LOT LOCATION: 11
DRAWN BY: Author
CHECKED BY: Checker
CLIENT
China National Energy Administration
United States Department Of Energy
China Overseas Development Association
Solar Decathlon China 2017
SOLAR DECATHLON CHINA
DATE
DESCRIPTION
JIA+HOUSE
NATURE•BETWEEN
SHEET TITLE
THREE-LINE DIAGRAM
E-402
A1
THREE-LINE DIAGRAM
Wh
surge protection
Over/Under Voltage protection
KNX BUS
Rain water pump
Heat pump
Air condition
Lighting 1
Lighting 2
Induction cooker
Dish washer
Oven
Refrigerator
Kitchen hood
Kitchen receptacle
Dinner room
Study room
Rest room
Guest room
Hall way
KNX power supply
PC1
PC2
Bathroom receptacle
Bedroom1 receptacle
Outdoor receptacle
Clothes dryer&washer
Bathroom heat lamp fixture
Windows Shutters
Home controller
Bedroom2 receptacle
Electrical car

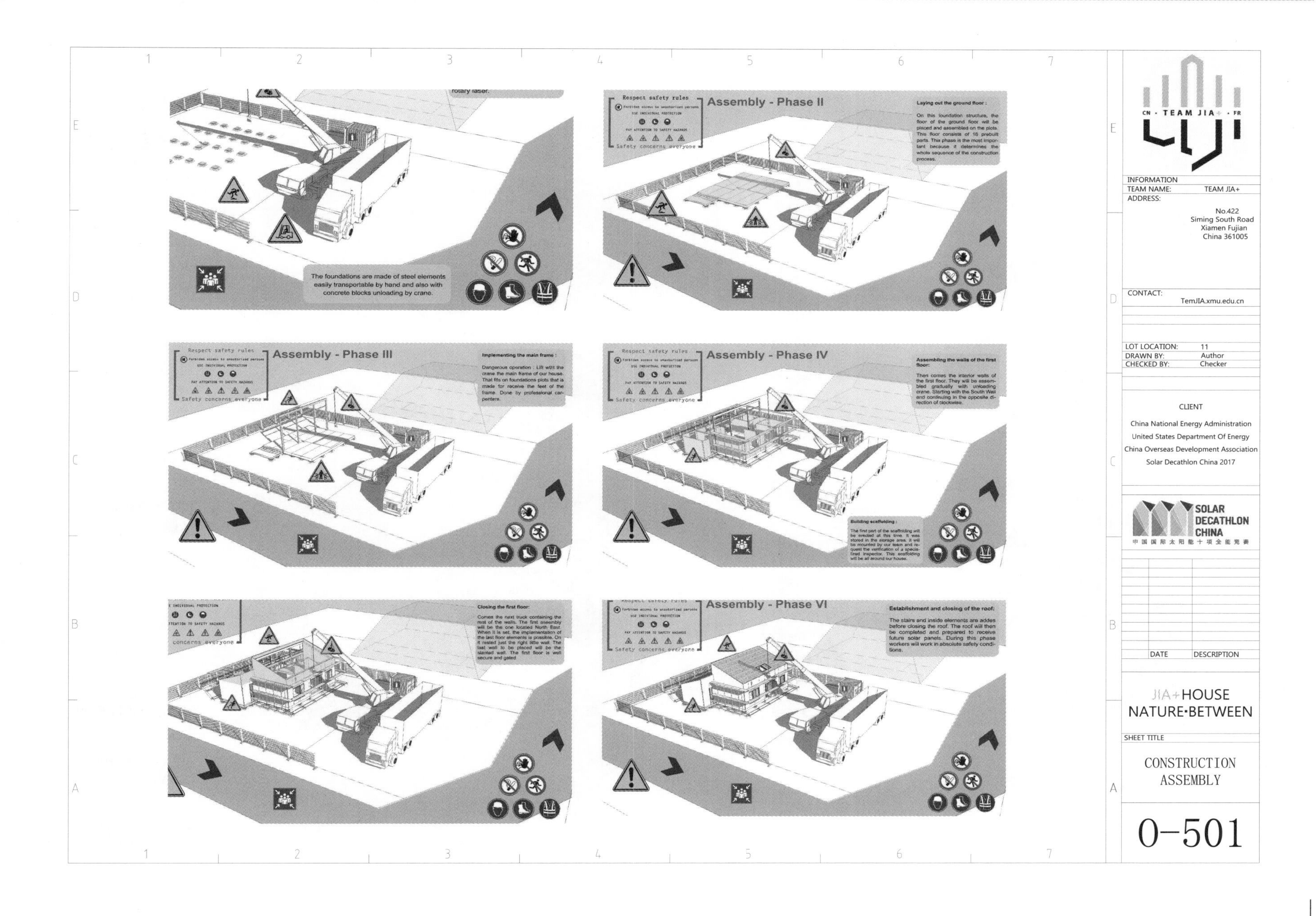

Assembly - Phase II
Assembly - Phase III
Assembly - Phase IV
Assembly - Phase VI
The foundations are made of steel elements easily transportable by hand and also with concrete blocks unloading by crane.
Respect safety rules
Safety concerns everyone
CN · TEAM JIA+ · FR
INFORMATION
TEAM NAME: TEAM JIA+
ADDRESS: No.422 Siming South Road Xiamen Fujian China 361005
CONTACT: TemJIA.xmu.edu.cn
LOT LOCATION: 11
DRAWN BY: Author
CHECKED BY: Checker
CLIENT
China National Energy Administration
United States Department Of Energy
China Overseas Development Association
Solar Decathlon China 2017
SOLAR DECATHLON CHINA
DATE
DESCRIPTION
JIA+HOUSE
NATURE·BETWEEN
SHEET TITLE
CONSTRUCTION ASSEMBLY
0-501

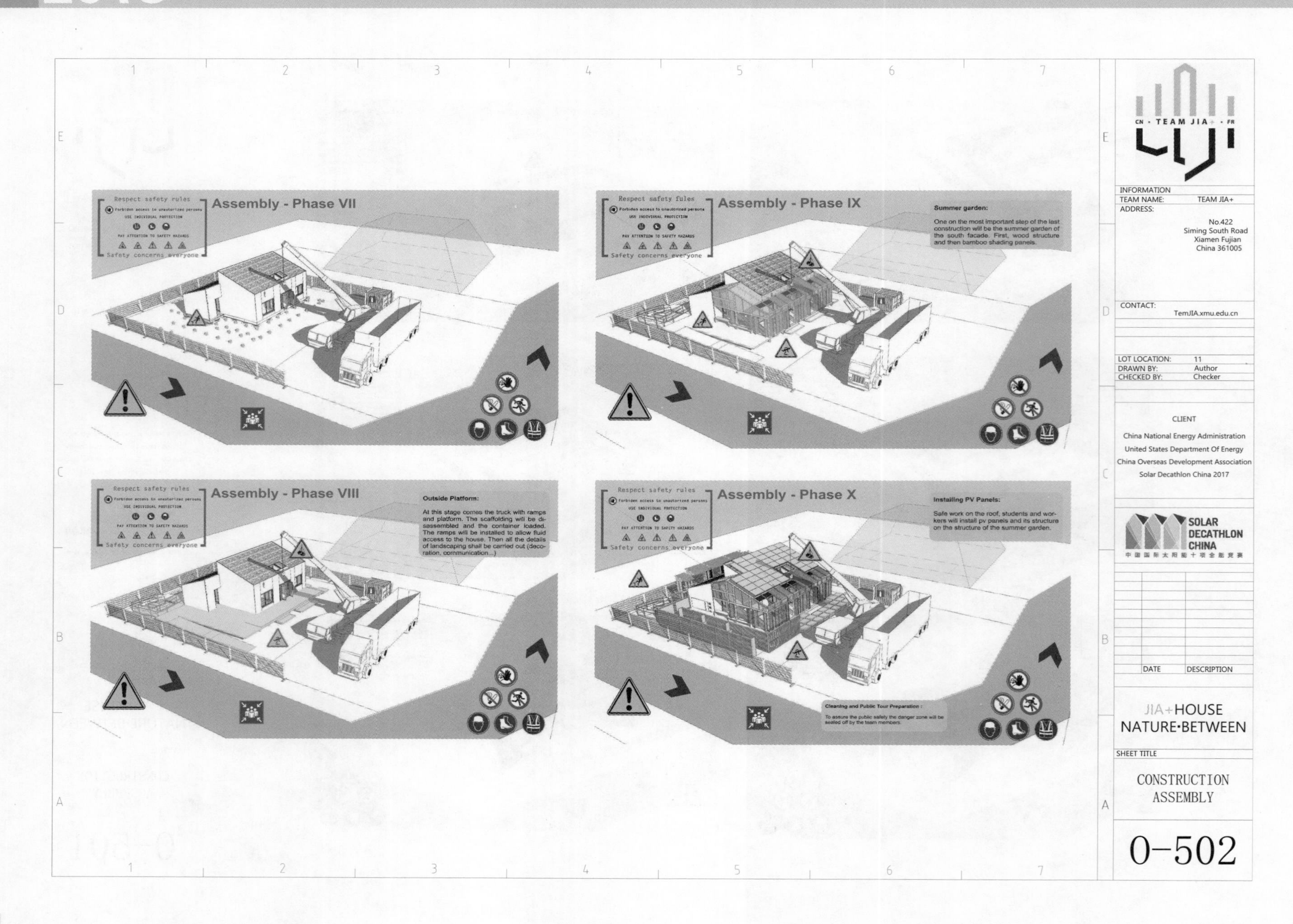

Respect safety rules
Safety concerns everyone
Assembly - Phase VII
Assembly - Phase IX
Summer garden:
One on the most important step of the last construction will be the summer garden of the south facade. First, wood structure and then bamboo shading panels.
Assembly - Phase VIII
Outside Platform:
At this stage comes the truck with ramps and platform. The scaffolding will be di-sassembled and the container loaded. The ramps will be installed to allow fluid access to the house. Then all the details of landscaping shall be carried out (deco-ration, communication...)
Assembly - Phase X
Installing PV Panels:
Safe work on the roof, students and wor-kers will install pv panels and its structure on the structure of the summer garden.
Cleaning and Public Tour Preparation :
CN · TEAM JIA+ · FR
INFORMATION
TEAM NAME: TEAM JIA+
ADDRESS:
No.422
Siming South Road
Xiamen Fujian
China 361005
CONTACT:
TemJIA.xmu.edu.cn
LOT LOCATION: 11
DRAWN BY: Author
CHECKED BY: Checker
CLIENT
China National Energy Administration
United States Department Of Energy
China Overseas Development Association
Solar Decathlon China 2017
SOLAR DECATHLON CHINA
DATE
DESCRIPTION
JIA+HOUSE
NATURE·BETWEEN
SHEET TITLE
CONSTRUCTION ASSEMBLY
0-502

附录

A 实景照片

其他赛队实景照片：

1 号 紫荆花队（北京建筑大学和香港大学） 斯陋宅

2 号 北京大学队 未名

3 号 清华大学队 新朝阳族之家

4 号 西安交通大学—西新英格兰大学—米兰理工大学联队 归家

5 号　翼之队（烟台大学）　北方印宅

6 号　圣路易斯华盛顿大学　莲花之居

7 号　新泽西理工—武汉理工—中国建材联队
新能源智享房屋

8 号　上海工程技术大学—华建集团联队　光影律动

9 号　团队零　旭日初升

10 号　蒙特利尔队（麦吉尔大学—肯高迪亚大学联队）　深度性能住宅

13 号　东南大学—布伦瑞克工业大学联队　立方之家

14 号　西安建筑科技大学队　栖居 2.0

15 号　上海交通大学—伊利诺伊大学厄巴纳香槟分校联队　在水一方

16 号　北京交通大学—中来队　i-Yard 2.0

17 号　沈阳工程学院—辽宁昆泰联队　爱舍

18 号　同济大学—达姆施塔特工业大学联队　正能量房 4.0

19 号　太阳的后裔队（湖南大学）　真之家

20 号　华南理工大学—都灵理工大学联队　长屋计划

“自然之间”建成照片：

“自然之间”西南面鸟瞰

“自然之间”东北面鸟瞰

“自然之间”南立面夜景

“自然之间”东南面夜景

“自然之间”廊院实景

“自然之间”内院实景

“自然之间”餐厅实景

“自然之间”阁楼卧室实景

“自然之间”南卧实景 1

“自然之间”南卧实景 2

“自然之间”客厅实景

“自然之间”合院实景 1

“自然之间”合院实景 2

“自然之间”廊院实景

B　参赛过程花絮

2016 年 7 月　师生讨论方案

2016 年 7 月　德州 SDC 第一次培训会

2016 年 9 月　法国学生回国前夕

2016 年 11 月　SD 厦大团队新老交流会

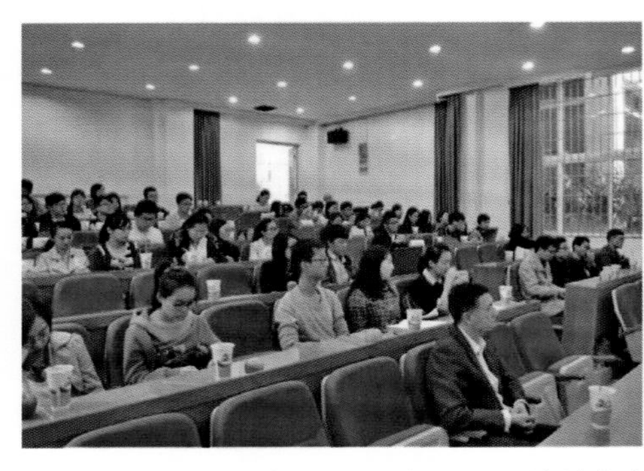

2017 年 1 月　“总结 2016，展望 2017”总结大会

2017 年 1 月　参加第二次德州 SDC 培训

2017 年 1 月　映雪楼制作模型

2017 年 1 月　模型成品

2017 年 4 月　团队三方（厦大、山大、法国联队）组长会议 1

2017 年 4 月　团队三方（厦大、山大、法国联队）组长会议 2

2017 年 4 月　法国领事 Nicolas Gherardi 莅临考察 TEAM JIA+

2017 年 6 月　绿家园首日施工

2017 年 7 月　TEAM JIA+ 法国宣传部指导老师来厦交流

2017 年 7 月　地基混凝土浇筑

2017 年 8 月　双路会师，吊装启动

2017 年 8 月　五缘湾帆船团建活动

2017 年 8 月　主体结构封顶仪式

2017 年 8 月　门窗安装

2017 年 10 月　团队组长新学期第一次例会

2017 年 11 月　海峡文博会模型展出

2017 年 11 月　施工总结暨 party 之夜

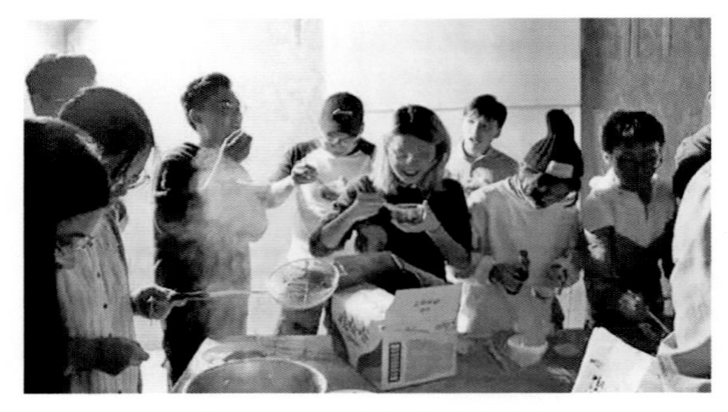

2017 年 11 月　秋冬季团队聚餐

2017 年 12 月　团队参加厦门人居展

2018 年 3 月　冬末屋顶施工

2018 年 6 月　建筑开放日活动

2018 年 7 月 4 日　团队出征仪式

2018 年 7 月 7 日　大部队抵达德州首日

2018 年 7 月 9 日　竞赛启动暨施工首日

2018 年 7 月 10 日　吊装地板、一层墙体

2018 年 7 月 11 日　清理木格栅

2018 年 7 月 11 日　拼接木花盆

2018 年 7 月 12 日　防水布装订

2018 年 7 月 12 日　窗户安装

2018 年 7 月 12 日　屋顶吊装

2018 年 7 月 13 日　加盖防水布

2018 年 7 月 13 日　安装门窗

2018 年 7 月 14 日　安装木地板

2018 年 7 月 14 日　休息期间暖通调整方案讨论

2018 年 7 月 15 日　水电线路等管线安装

2018 年 7 月 15 日　北侧外廊尺寸测算

2018 年 7 月 16 日　外廊构架搭建

2018 年 7 月 16 日　室内外场地清理

2018 年 7 月 17 日　OSB 板材铺装、防水处理

2018 年 7 月 17 日　加固廊道支撑结构

2018 年 7 月 18 日　加固底部支架

2018 年 7 月 18 日　安装光伏板支架龙骨

2018 年 7 月 19 日　安装屋顶光伏支架 1

2018 年 7 月 19 日　安装屋顶光伏支架 2

2018 年 7 月 19 日　清洗竹格栅

2018 年 7 月 20 日　清洗及安装光伏板

2018 年 7 月 20 日　安装内、外饰面板

2018 年 7 月 20 日　安装外廊竹格栅推拉门

2018 年 7 月 20 日　内部电器及暖通管线牵拉

2018 年 7 月 21 日　安装外饰面板

2018 年 7 月 21 日　安装内饰面板

2018 年 7 月 21 日　牵拉内部电器及暖通管线

2018 年 7 月 21 日　安装相关设备

2018 年 7 月 22 日　搭建柱子

2018 年 7 月 22 日　安装内饰面板

2018 年 7 月 22 日　屋顶太阳能光伏板安装完成

2018 年 7 月 23 日　安装老房子构架

2018 年 7 月 23 日　吨桶定位及放置

2018 年 7 月 24 日　疏通和安装导光筒

2018 年 7 月 24 日　调整、打磨内饰面板

2018 年 7 月 24 日　安装屋面饰面板

2018 年 7 月 24 日　清洗、密封吨桶

2018 年 7 月 25 日　铺装庭院地面

2018 年 7 月 25 日　调试暖通及电器设备

2018 年 7 月 26 日　安装屋顶边缘盖板

2018 年 7 月 26 日　加固南面外廊地面

2018 年 7 月 26 日　制作老房子构架门窗

2018 年 7 月 26 日　清洗玄关装饰石子和竹筒

2018 年 7 月 27 日　地板装订和打磨

2018 年 7 月 27 日　清洗竹格栅

2018 年 7 月 28 日　安装排水沟引水链

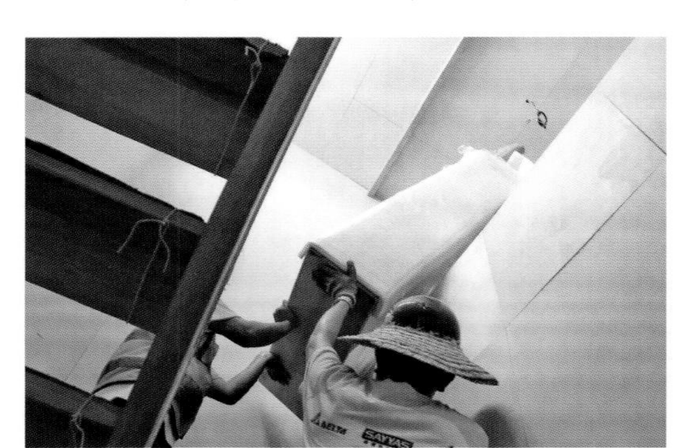
2018 年 7 月 28 日　家具入户及摆放

2018 年 7 月 28 日　摆放盆栽

2018 年 7 月 28 日　平整场地

2018 年 7 月 28 日　加固室外走廊

2018 年 7 月 28 日　制作楼梯

2018 年 7 月 29 日　清洗竹格栅

2018 年 7 月 29 日　加固室外走廊地板

2018 年 7 月 29 日　移栽室外庭院景观花盆

2018 年 7 月 29 日　打磨画框

2018 年 7 月 30 日　安装步道扶手

2018 年 7 月 30 日　安装光热板

2018 年 7 月 31 日　地面清扫

2018 年 7 月 31 日　施工阶段结束

2018 年 8 月 3 日　团队赛场合影

2018 年 8 月 3 日　团队与作品“自然之间”合影

2018 年 8 月 3 日　商讨测试应对方案及细节

2018 年 8 月 4 日　引导组接待游客 1

2018 年 8 月 4 日　引导组接待游客 2

2018 年 8 月 6 日　接待评委开始答辩 1

2018 年 8 月 6 日　接待评委开始答辩 2

2018 年 8 月 6 日　接待评委开始答辩 3

2018 年 8 月 8 日　Market 部分答辩讨论和模拟练习

2018 年 8 月 8 日　准备晚宴 1

2018 年 8 月 8 日　准备晚宴 2

2018 年 8 月 8 日　出席其他赛队晚宴 1

2018 年 8 月 8 日　出席其他赛队晚宴 2

2018 年 8 月 9 日　工程技术部分答辩预演 1

2018 年 8 月 9 日　工程技术部分答辩预演 2

2018 年 8 月 11 日　接待小朋友游客

2018 年 8 月 11 日　接待生态环境部部长

2018 年 8 月 11 日　团队答辩排练 1

2018 年 8 月 11 日　团队答辩排练 2

2018 年 8 月 11 日　王绍森院长到访慰问

2018 年 8 月 11 日　王绍森院长现场指导

2018 年 8 月 14 日　老师们指导下的答辩预演 1

2018 年 8 月 14 日　老师们指导下的答辩预演 2

2018 年 8 月 14 日　准备晚宴 1

2018 年 8 月 14 日　准备晚宴 2

2018 年 8 月 14 日　参与其他赛队 dinner party 打分环节晚宴 1

2018 年 8 月 14 日　参与其他赛队 dinner party 打分环节晚宴 2

2018 年 8 月 14 日　测试 VR 设备

2018 年 8 月 14 日　再次排练答辩

2018 年 8 月 14 日　讨论答辩细节（会后留影）

2018 年 8 月 15 日　德州市长莅临参观 1

2018 年 8 月 15 日　德州市长莅临参观 2

2018 年 8 月 15 日　答辩前讨论 1

2018 年 8 月 15 日　答辩前讨论 2

2018 年 8 月 16 日　晨会后讨论

2018 年 8 月 16 日　接受德州电视台采访

2018 年 8 月 16 日　接待巢居结构赞助商

C　TEAM JIA+ 成员

About Our Members 成员组成
2016 年，厦门大学、法国布列塔尼高校团队、山东大学一起组成了 TEAM JIA+。我们的队伍成员来自不同的领域——建筑师、工程师、经济学者和设计师等，担负着构想未来住房的重任，遵守保护环境、节约能源的原则。
ONE project
ONE family
ONE possiblility
团队成员主要为各高校的本科生和硕士研究生，涵盖了建筑设计、结构设计、室内设计、暖通、给排水、电器、光伏、智能家居等各个专业。TEAM JIA+ 有着清晰的组织架构和任务分工体系，从设计到施工，到联系厂家，再到宣传、翻译等工作均以学生为主体，在老师的指导下推进。目前团队已完成了建筑主体部分的大部分试建工作。

D　获奖证明

综合三等奖及宣传推广单项第三名奖杯

CERTIFICATE

SOLAR DECATHLON CHINA

SOLAR DECATHLON CHINA 2018

FIRST PLACE

HOME LIFE CONTEST

TEAM JIA+

AUGUST 2018

DEZHOU SHANDONG

居家生活单项第一

CERTIFICATE

SOLAR DECATHLON CHINA

SOLAR DECATHLON CHINA 2018

FIRST PLACE

COMMUTING CONTEST

TEAM JIA+

AUGUST 2018

DEZHOU SHANDONG

电动通勤单项第一

嘉奖令

TEAM JIA+团队在2018中国国际太阳能十项全能竞赛决赛中勇夺佳绩，产生了良好的社会影响，为学校赢得荣誉。

TEAM JIA+团队从组建到参赛历时两年半，前后共有我校300多位同学参与，决赛队伍由我校建筑与土木工程学院、艺术学院、航空航天学院、外文学院、能源学院、经济学院、管理学院、法学院和软件学院的49名学生组成，并联合了山东大学和法国高校联队Team Bretagne的成员。在前期准备和比赛过程中，我校全体队员团结一致、克服困难、锐意进取、奋勇争先，充分展现了厦大学子的优良品质和精神风貌。

为表彰TEAM JIA+团队所取得的突出成绩，学校决定给予TEAM JIA+团队通令嘉奖。

厦門大學

XIAMEN UNIVERSITY

校长：张荣

2019年4月6日

厦门大学校长嘉奖令

参考文献

[1] Solar Decathlon Rules and Regulations Committee. Solar Decathlon Rules 2002–2017[Z]. U.S. Department of Energy, 2002–2017.

[2] Solar Decathlon Rules and Regulations Committee. Solar Decathlon China Rules[Z]. U.S. Department of Energy, 2013, 2018.

[3] Solar Decathlon Rules and Regulations Committee. Solar Decathlon Europe 2014 Rules[Z]. U.S. Department of Energy, 2010–2014.

[4] Solar Decathlon Committee. Solar Decathlon Latin America & Carribbean 2015 Rules[Z]. U.S. Department of Energy, 2015.

[5] 考夫曼，费斯特著 . 德国被动房设计和施工指南 [M]. 徐智勇，译 . 北京：中国建筑工业出版社，2015.

[6] 伊东丰雄建筑事务所 . 建筑的非线性设计——从仙台到欧洲 [M]. 暮春暖，译 . 北京：中国建筑工业出版社，2005.

[7] Solar Decathlon Europe Competition. SOLAR DECATHLON EUROPE 2010: Towards Energy Efficient Buildings[R]. Madrid, 10ACTION Project, 2011-09.

[8] 刘加平，杨柳 . 室内热环境设计 [M]. 北京：机械工业出版社，2005.

[9] 周国兵 . 自然能源・相变蓄能・建筑节能 [M]. 北京：中国建筑工业出版社，2013.

图书在版编目(CIP)数据

SDC2018 厦门大学·中法 JIA＋联队参赛纪实/王绍森，石峰编著.—厦门：厦门大学出版社，2019.12

ISBN 978-7-5615-7672-4

Ⅰ.①S… Ⅱ.①王… ②石… Ⅲ.①太阳能建筑—竞赛—介绍 Ⅳ.①TU18

中国版本图书馆 CIP 数据核字(2019)第 284869 号

出 版 人 郑文礼
责任编辑 李峰伟

出版发行 厦门大学出版社
社 址 厦门市软件园二期望海路 39 号
邮政编码 361008
总 机 0592-2181111 0592-2181406(传真)
营销中心 0592-2184458 0592-2181365
网 址 http://www.xmupress.com
邮 箱 xmup@xmupress.com
印 刷 厦门市竞成印刷有限公司

开本 889 mm×1 194 mm 1/16
印张 8.5
插页 14
字数 200 千字
版次 2019 年 12 月第 1 版
印次 2019 年 12 月第 1 次印刷
定价 45.00 元

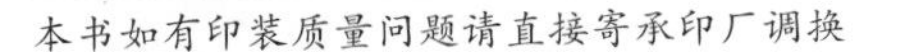

厦门大学出版社
微博二维码